AF836896

MILCH OHNE HONIG

Gesund. Rückstandsfrei. Klimapositiv.

Carlsen schützt das Klima und intakte Ökosysteme durch den Druck dieses Buches beim Ökopionier gugler* DruckSinn, dem weltweit ersten zertifizierten Anbieter für Cradle to Cradle Certified® Druckprodukte.

- Dieses Buch enthält nur ***gesunde Substanzen*** und kann daher – anders als herkömmlich gedruckte Bücher – ***zu 100 % wiederverwertet*** werden.
- Alle CO2-Emissionen, die beim Druck dieses Buches entstanden sind, wurden ***zu 110 % kompensiert***. In der Produktion kam ***ausschließlich Ökostrom*** zum Einsatz.
- Das ***Cradle to Cradle Certified®-Zertifikat*** bestätigt das.

© drucksinn.at

Wir produzieren nachhaltig
• Klimaneutrales Produkt
• Papiere aus nachhaltigen und kontrollierten Quellen
• Hergestellt in Europa

CERTIFIED cradle to cradle SILVER
PurePrint® by gugler*
drucksinn.at

CARLSEN COMICS NEWS
Jeden Monat neu per E-Mail
www.carlsencomics.de
www.carlsen.de
Carlsen-Bücher gibt's überall im Buchhandel und auf carlsen.de

© Carlsen Verlag GmbH · Hamburg 2022
ORIGINALAUSGABE
Redaktion: Jasmin Männel
Herstellung: Bettina Oguamanam & Minou Zaribaf
Klimapositiv gedruckt bei Gugler in Österreich
Alle Rechte vorbehalten
ISBN 978-3-551-78108-6

HANNA HARMS

MILCH OHNE HONIG

MIT EINEM NACHWORT VON BIENENEXPERTE PROF. DR. JÜRGEN TAUTZ

CARLSEN

EINE WELT OHNE BIENEN WÄRE EINE GRAUE WELT.
EINE DÜSTERE ZUKUNFT.
DENN DIE WELT DER BIENEN IST AUCH DIE DER MENSCHEN.

EINE GESCHICHTE ÜBER DIE BEDEUTUNG DER BIENEN
UND IHR VERSCHWINDEN.
EIN RAUM ZWISCHEN POESIE UND WISSENSCHAFT.

SCHATTEN DER ZUKUNFT.
UND EIN HOFFNUNGSSCHIMMER.

VIELLEICHT SÄHE DIE WELT OHNE BIENEN NOCH AUS WIE VOR 100.000.000 JAHREN.

BIENEN UND BLÜTEN.

EINE UNTRENNBARE
GEMEINSAME ENTWICKLUNG.

BUNTE UND DUFTENDE PFLANZEN WERDEN VON BIENEN BESTÄUBT.
UNSCHEINBARE UND TROCKENE VOM WIND.

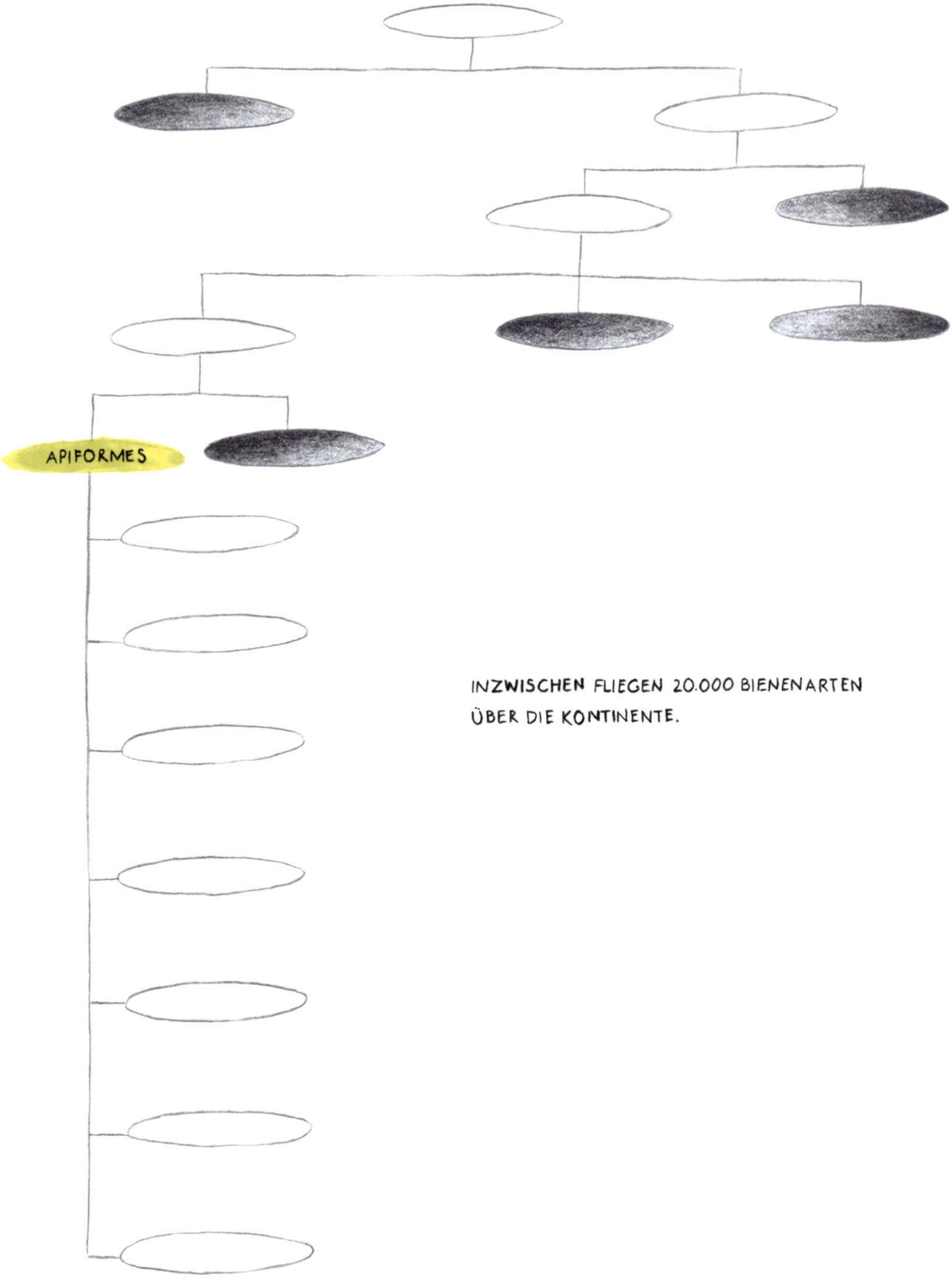

INZWISCHEN FLIEGEN 20.000 BIENENARTEN ÜBER DIE KONTINENTE.

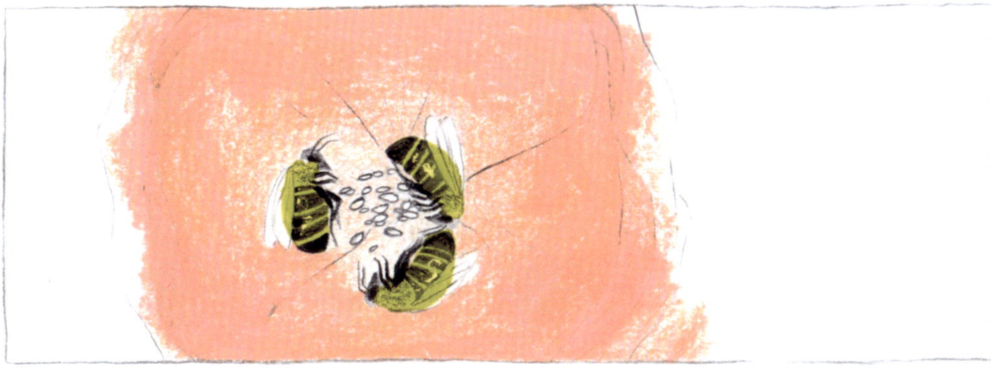

ANDERS ALS DIE NEUN HONIGBIENENARTEN.

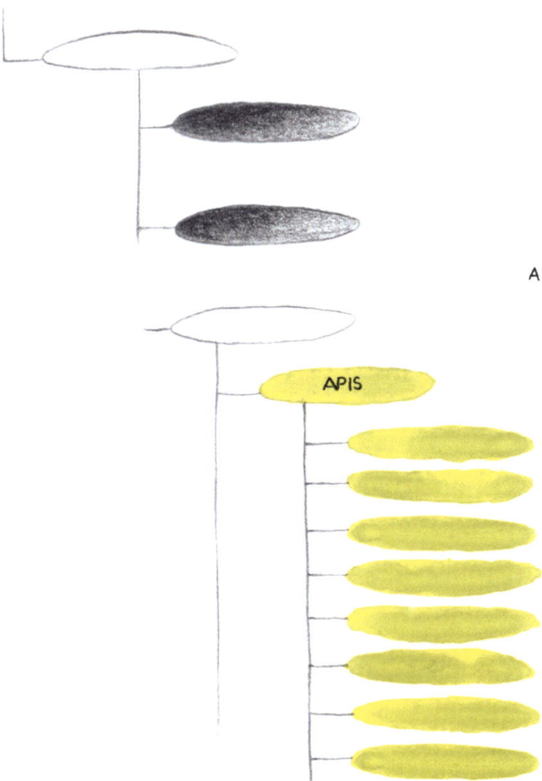

SIE LEGEN GROSSE VORRÄTE AN.
DAS SCHLARAFFENLAND.
DAS PARADIES.

EIN LAND, IN DEM MILCH UND HONIG FLIESSEN.
EINE KOMBINATION,
DIE GLÜCK UND FÜLLE VERHEISST.

LANGE ZEIT WAR NICHTS SÜSSER ALS HONIG.

WIE VON GÖTTLICHER HERKUNFT.

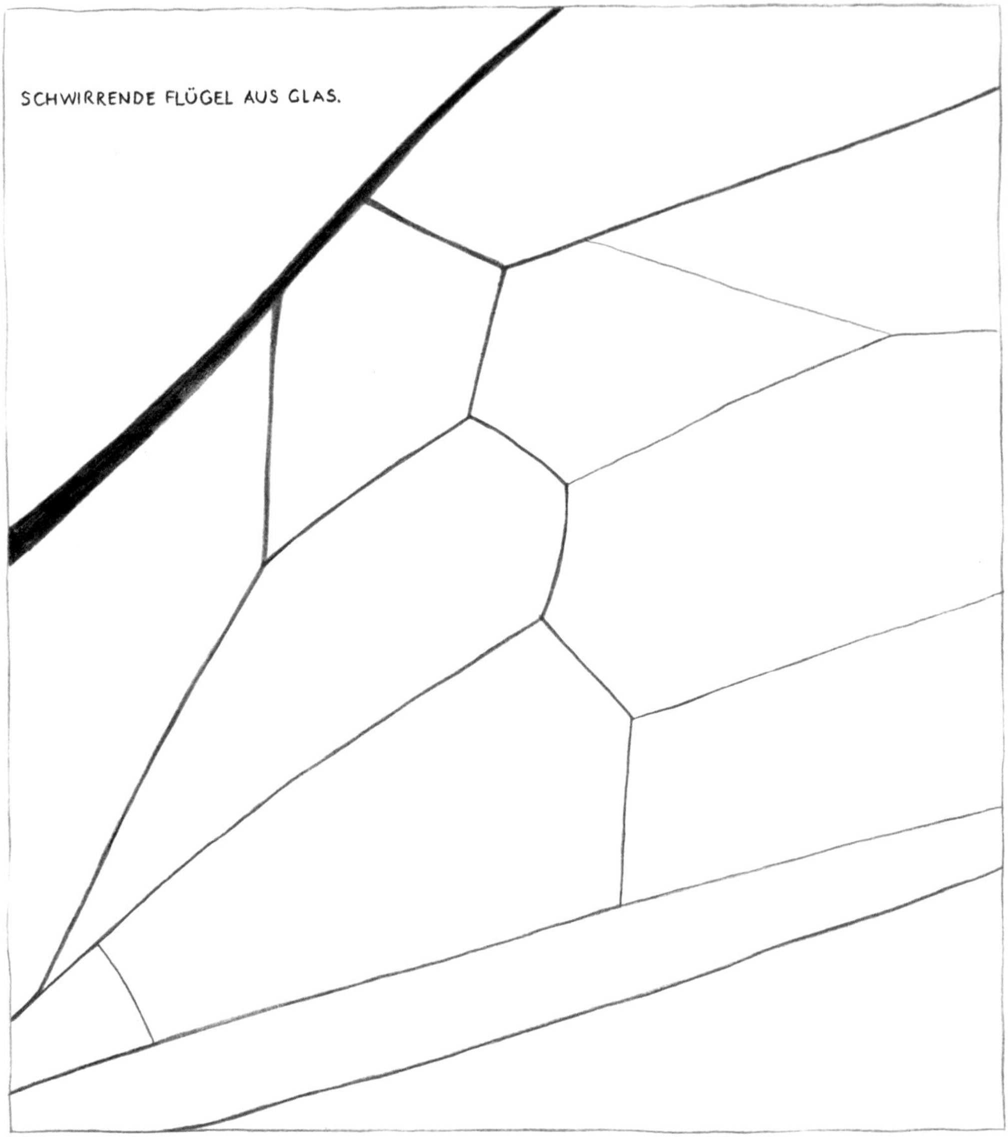
SCHWIRRENDE FLÜGEL AUS GLAS.

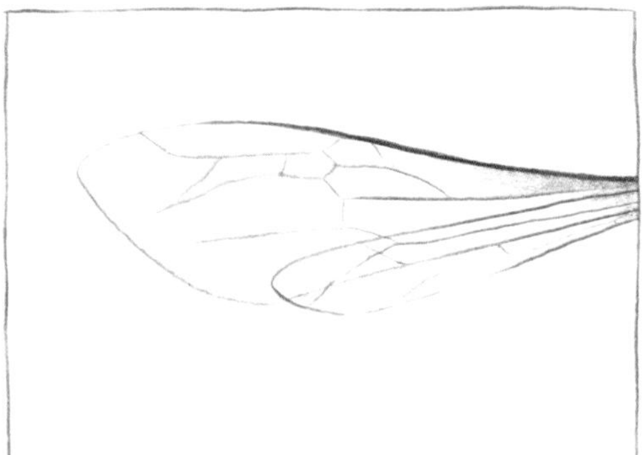

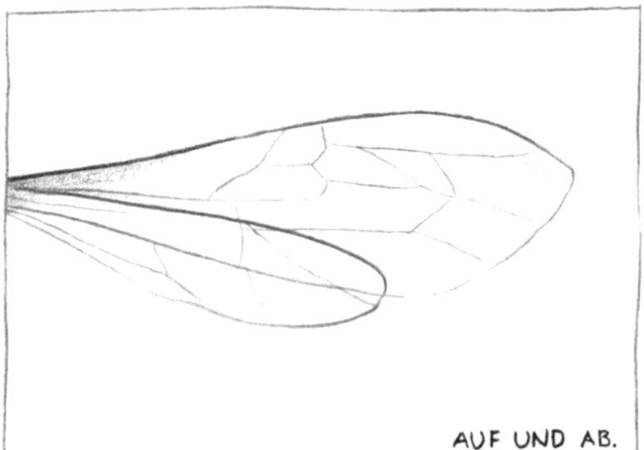
AUF UND AB.

EINE BIENE FLIEGT
IN RICHTUNG DES DUFTS.

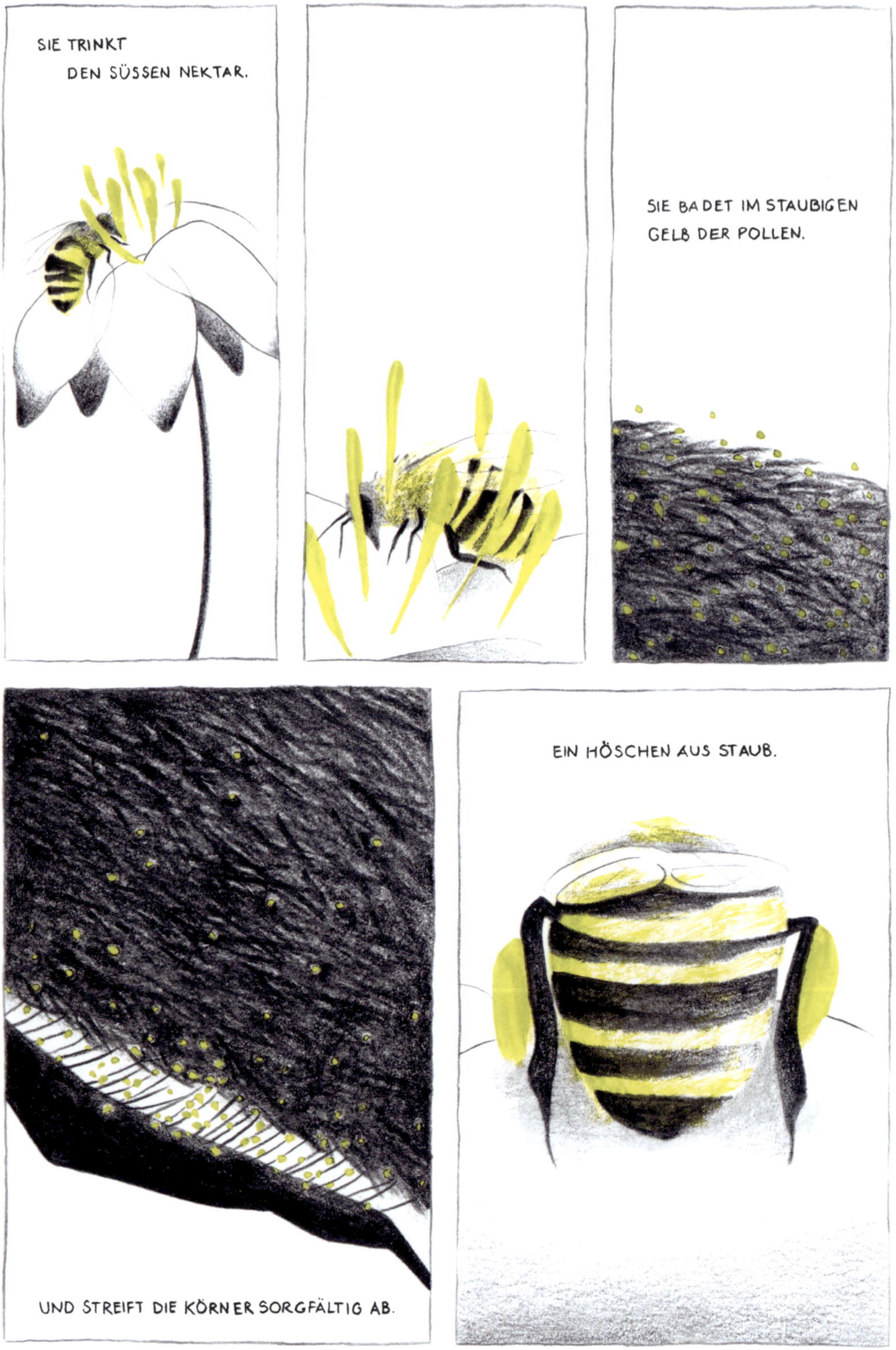
SIE TRINKT
DEN SÜSSEN NEKTAR.
SIE BADET IM STAUBIGEN
GELB DER POLLEN.
UND STREIFT DIE KÖRNER SORGFÄLTIG AB.
EIN HÖSCHEN AUS STAUB.

IN FARBE GEKLEIDET TRITT DIE BIENE DEN HEIMWEG AN.

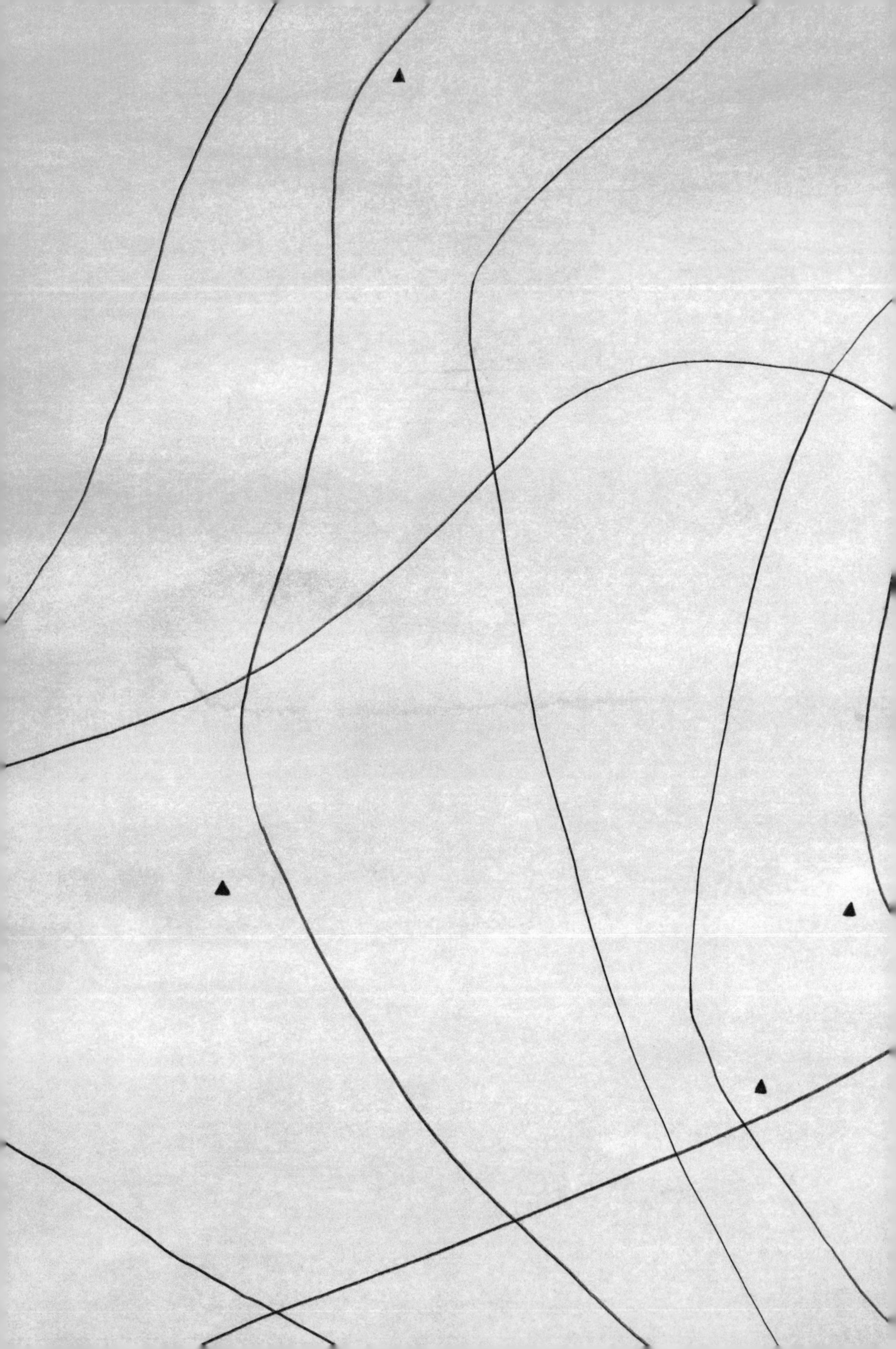

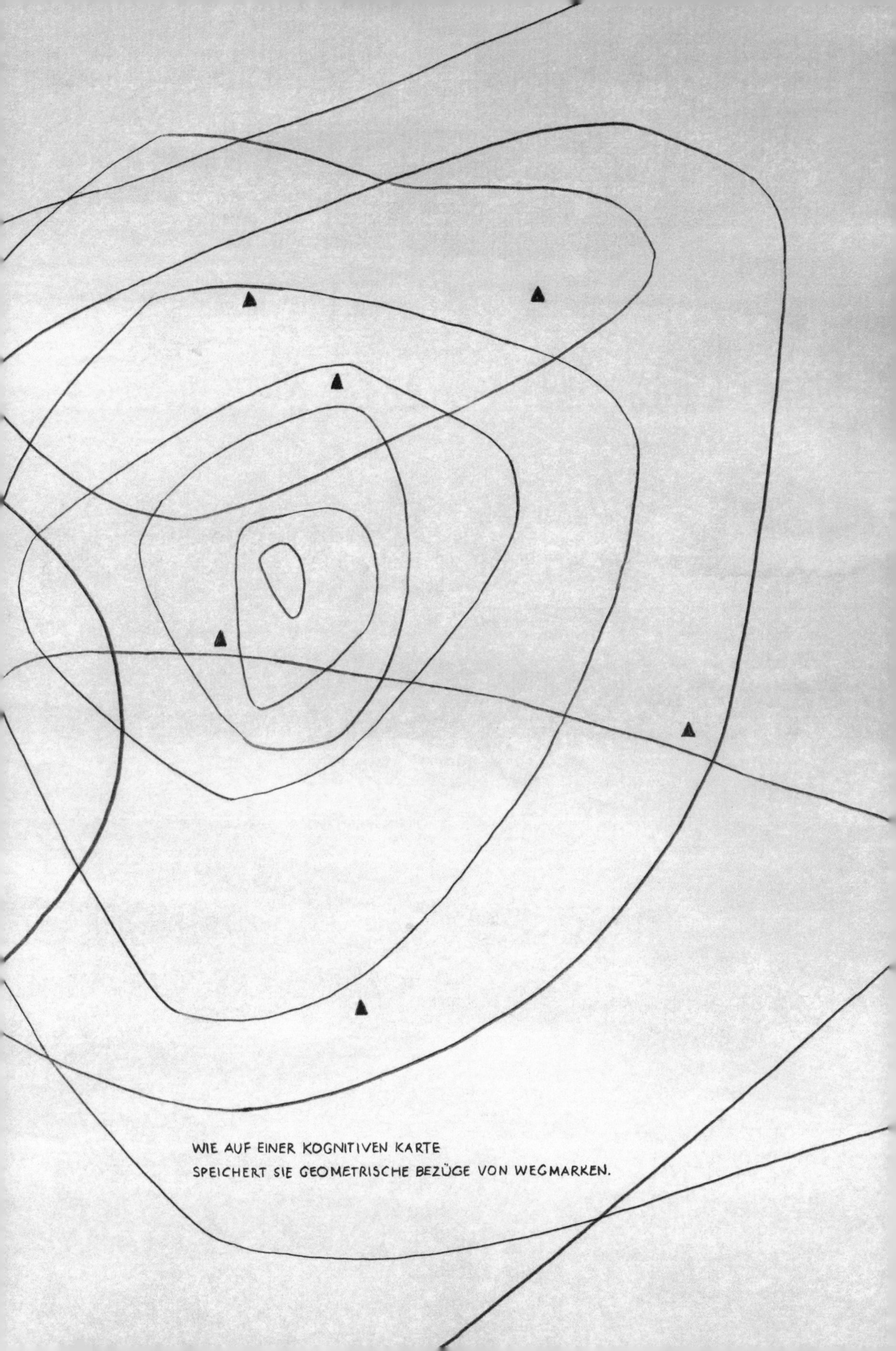

WIE AUF EINER KOGNITIVEN KARTE
SPEICHERT SIE GEOMETRISCHE BEZÜGE VON WEGMARKEN.

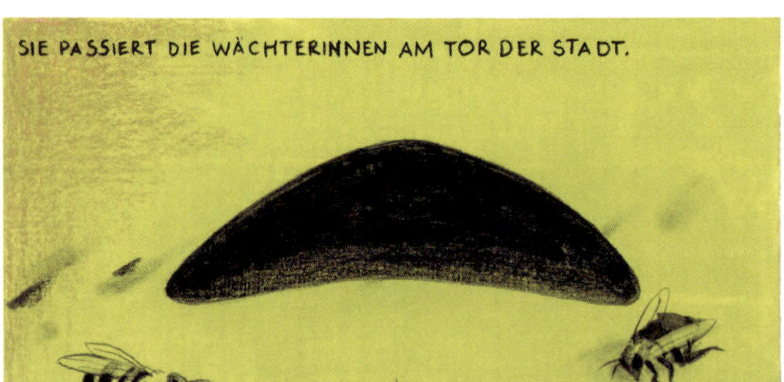
SIE PASSIERT DIE WÄCHTERINNEN AM TOR DER STADT.

DIE BIENEN REICHEN DEN NEKTAR WEITER.

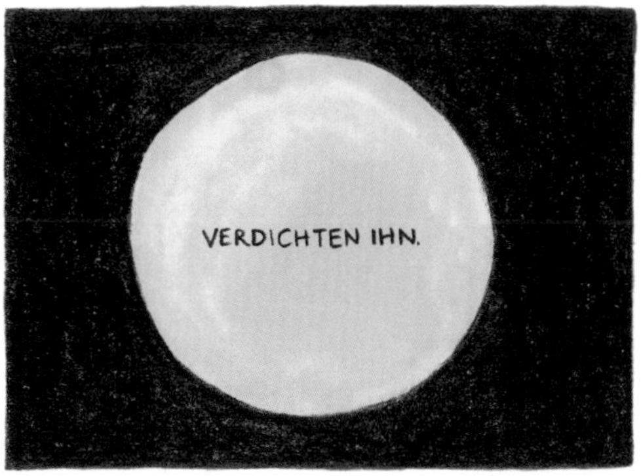
VERDICHTEN IHN.

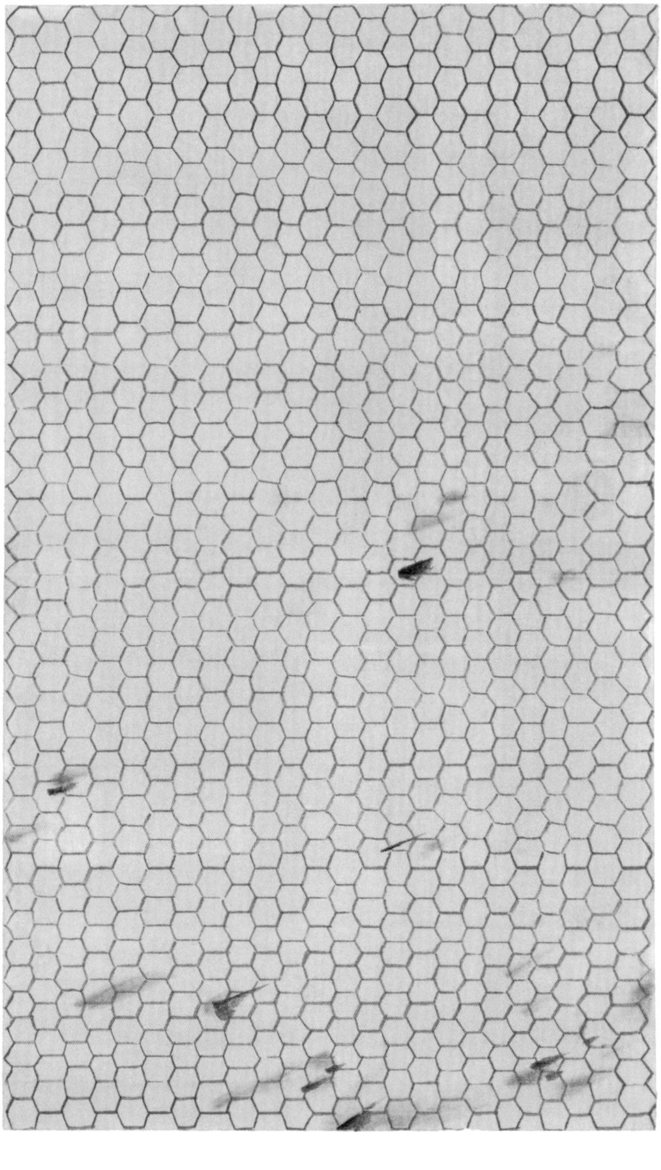

SIE VERSTAUEN DIE
KLEBRIGE MASSE IN TANKS
UND FÄCHELN DIE LUFT.
ENTZUG VON WASSER.

HONIG FÜR DEN WINTER.

DIE BIENE TANZT FÜR IHRE SCHWESTERN.
EIN KREISENDER KÖRPER IN DEREN MITTE.

DIE BLÜTEN SIND NAH.

RUNDE UM RUNDE SCHICKT SIE IHRE REKRUTEN IN RICHTUNG DES TANZES.

DIE BIENEN SUCHEN NACH WEITEREN INFORMATIONEN.

KOMMUNIKATION IM FELD.

SIE FOLGEN DEM DUFT DER BLÜTEN UND DEN ERFAHRENEN BIENEN.

ZUM ZIEL GELOCKT.

DER FLUGWINKEL ZUR SONNE
WIRD ZUM WINKEL IN DER
SCHWERKRAFT.

VIBRIERENDE WABEN GEBEN DIE INFORMATIONEN WEITER.

DER BIENENSTOCK IST EINE EIGENE WELT.
DIE BIENEN LEBEN WIE IN EINER BLASE, DIE ALLES FÜR DAS LEBEN NOTWENDIGE ENTHÄLT.
EINZELNE VERLASSEN DIE BLASE, UM ENERGIE UND MATERIE ZU BESCHAFFEN.
DER BIENENSTOCK WAR FÜR DIE MENSCHEN SCHON IMMER EIN IDEAL.
EINE UTOPIE.

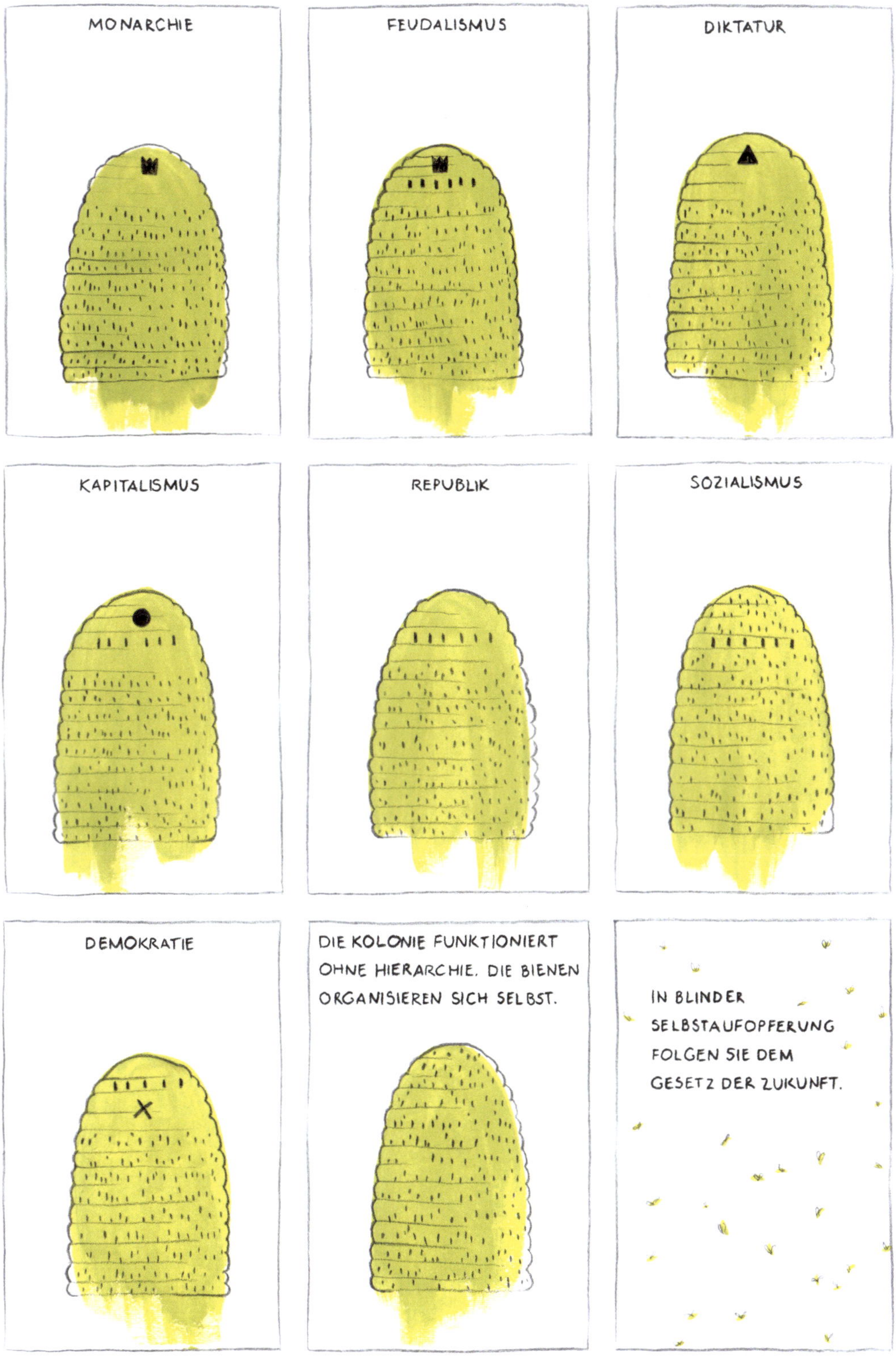
MONARCHIE
FEUDALISMUS
DIKTATUR
KAPITALISMUS
REPUBLIK
SOZIALISMUS
DEMOKRATIE
DIE KOLONIE FUNKTIONIERT OHNE HIERARCHIE. DIE BIENEN ORGANISIEREN SICH SELBST.
IN BLINDER SELBSTAUFOPFERUNG FOLGEN SIE DEM GESETZ DER ZUKUNFT.

IM WINTER BALLEN SICH ALLE ZUSAMMEN.

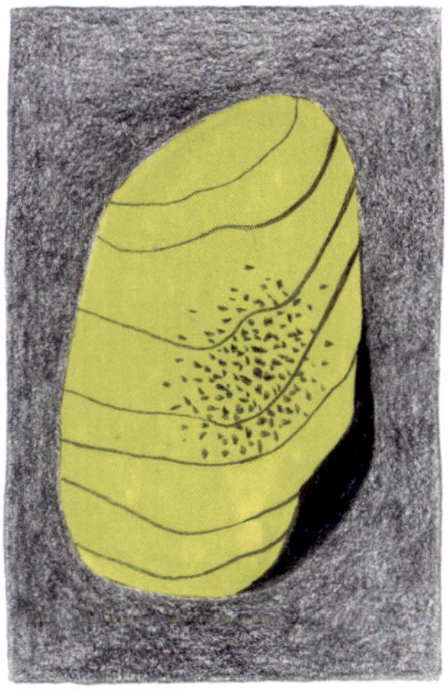

WÄRMEN DIE KÖNIGIN IN IHRER MITTE MIT ZITTERNDEN MUSKELN.

DER WINTER IST VORBEI.

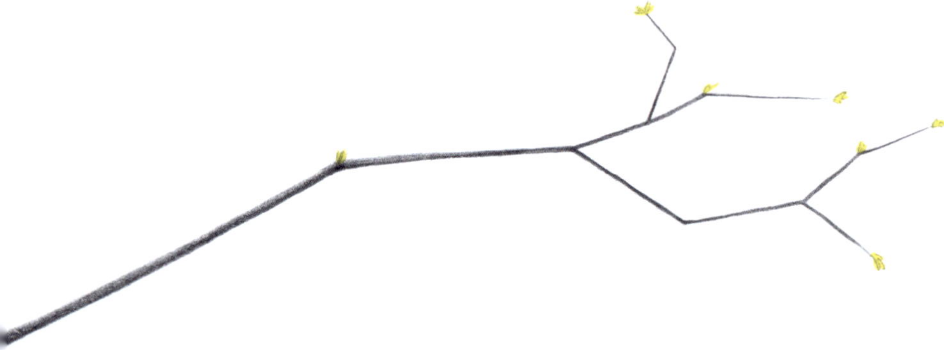

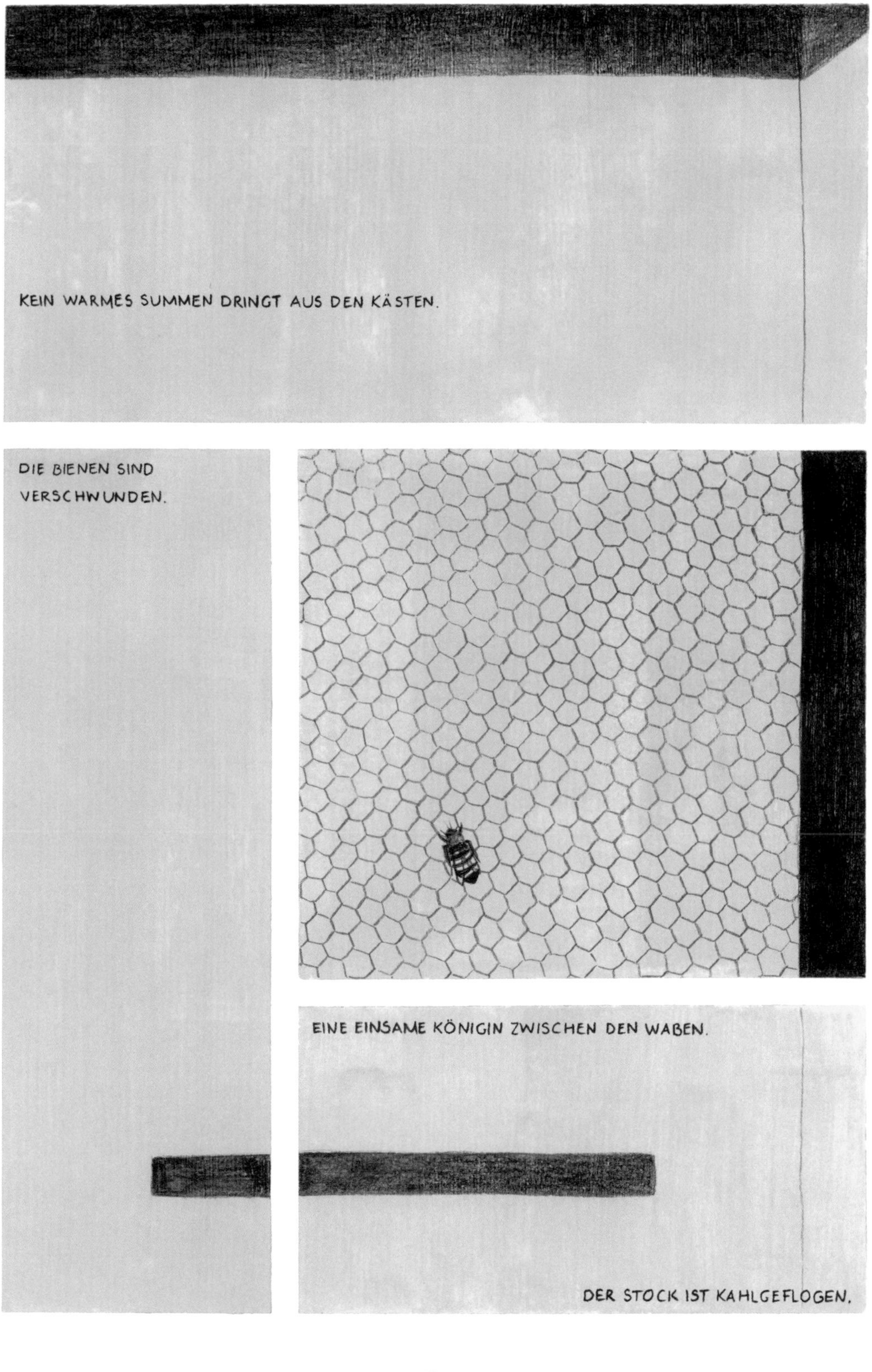
KEIN WARMES SUMMEN DRINGT AUS DEN KÄSTEN.
DIE BIENEN SIND VERSCHWUNDEN.
EINE EINSAME KÖNIGIN ZWISCHEN DEN WABEN.
DER STOCK IST KAHLGEFLOGEN.

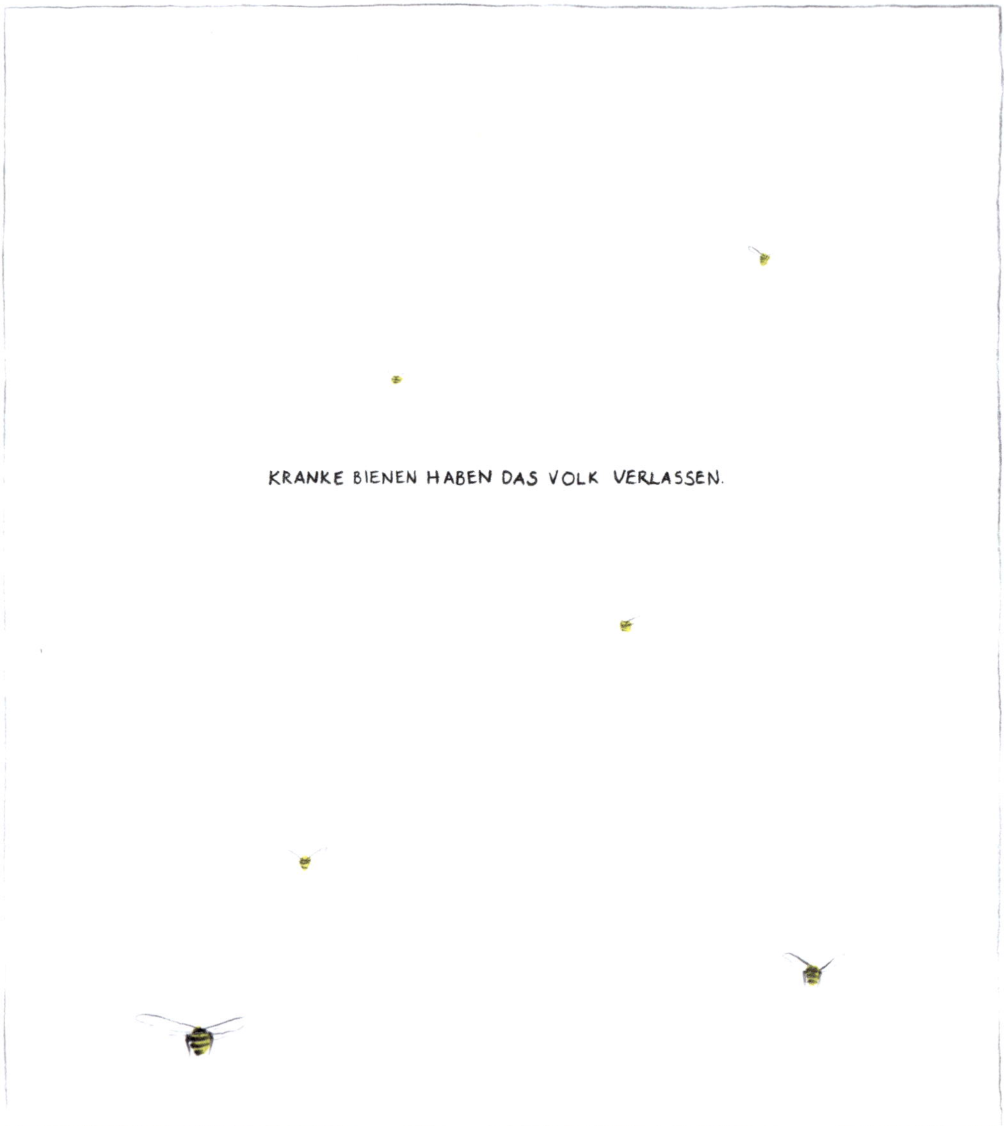
KRANKE BIENEN HABEN DAS VOLK VERLASSEN.

DER FLUG IN DEN TOD ALS LETZTER DIENST FÜR DIE GEMEINSCHAFT.

GEISTERSTÄDTE.

IN VIELEN GEGENDEN DER WELT STERBEN BIENEN.

UNTERSCHIEDLICHE URSACHEN UND ANZEICHEN.

MIT GEMEINSAMKEITEN.

VIREN, BAKTERIEN UND PILZE BEDROHEN BIENEN.
UND DIE MILBE VARROA DESTRUCTOR.

EIN BLUTSAUGENDES SPINNENTIER, DAS ALS VIRALER VEKTOR KRANKHEITEN ÜBERTRÄGT, DIE DIE VÖLKER SCHWÄCHEN.

NUR IN AUSTRALIEN GIBT ES DIE MILBE NOCH NICHT.

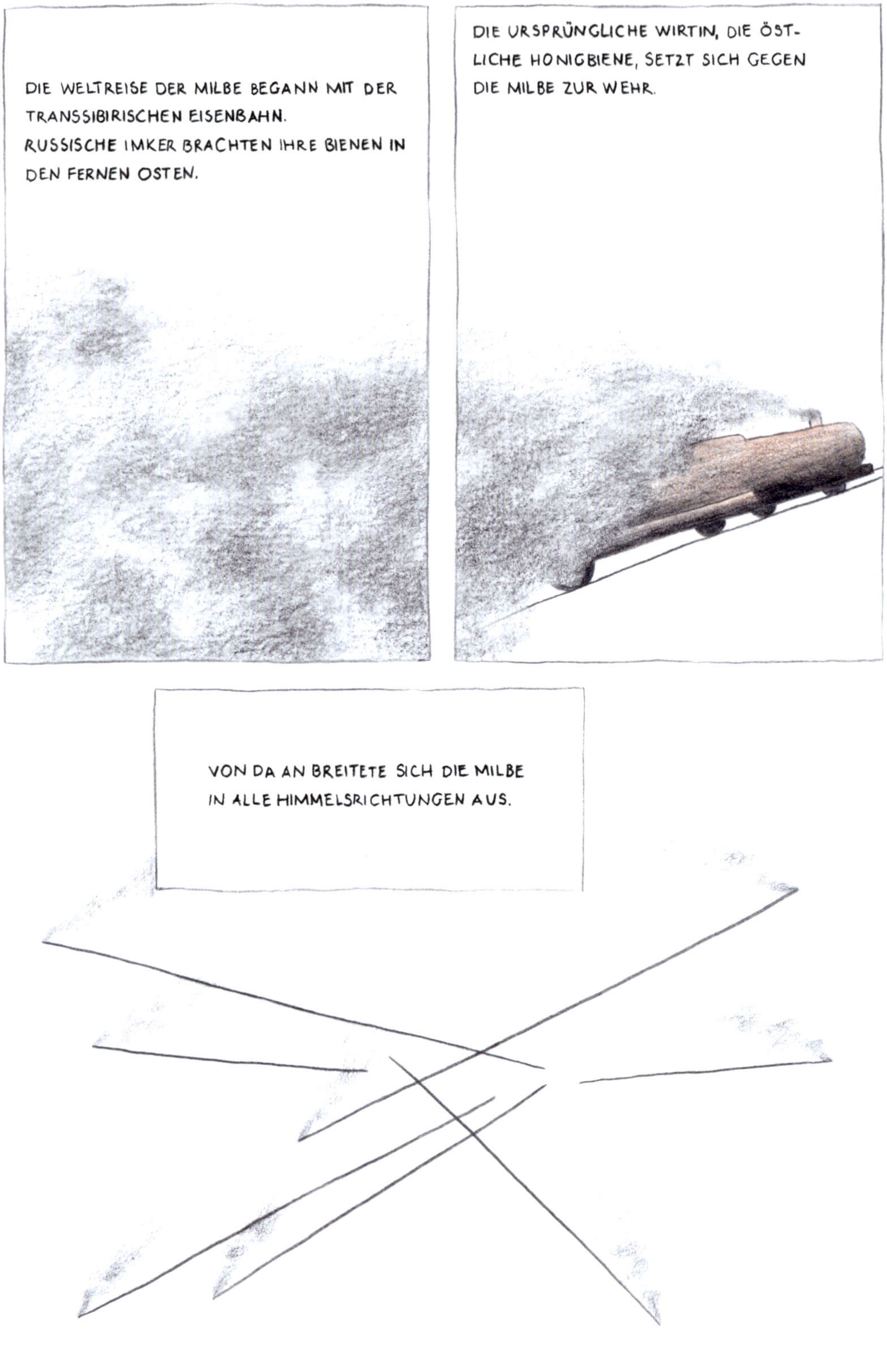
DIE WELTREISE DER MILBE BEGANN MIT DER TRANSSIBIRISCHEN EISENBAHN.
RUSSISCHE IMKER BRACHTEN IHRE BIENEN IN DEN FERNEN OSTEN.
DIE URSPRÜNGLICHE WIRTIN, DIE ÖSTLICHE HONIGBIENE, SETZT SICH GEGEN DIE MILBE ZUR WEHR.
VON DA AN BREITETE SICH DIE MILBE IN ALLE HIMMELSRICHTUNGEN AUS.

UND ERREICHTE 1977 DEUTSCHLAND MIT DER LUFTPOST.
SEITHER GIBT ES KAUM MEHR WILD LEBENDE HONIGBIENEN.
DIE VÖLKER ÜBERLEBEN NUR MIT MENSCHLICHER HILFE.

ANDERE URSACHEN SCHWÄCHEN BIENEN.

FRÜHER TÖTETEN 15.000 MILBEN EIN VOLK, INZWISCHEN BEDEUTET SCHON EIN FÜNFTEL DEN TOD.

MIT DEM KLIMA WANDELN SICH DIE JAHRESZEITEN.

KÄLTE UND REGEN IM SOMMER
VERHINDERN SAMMELFLÜGE.
BEI HITZE BILDEN PFLANZEN WENIGER NEKTAR.
NUR WENIGE VORRÄTE FÜR DEN WINTER.
EIN FRÜHER FRÜHLING. MEHR ZEIT FÜR DIE PARASITEN, SICH ZU VERMEHREN.
MANCHE EINGEFLOGEN DURCH DEN GLOBALEN BIENENHANDEL.

DIE LANDWIRTSCHAFT SELBST
IST IN DEN TOD
IHRER FLIEGENDEN HELFER
VERWICKELT.

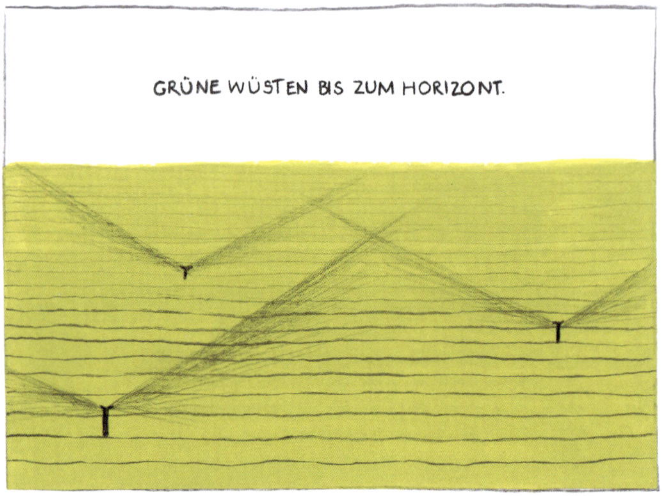
GRÜNE WÜSTEN BIS ZUM HORIZONT.

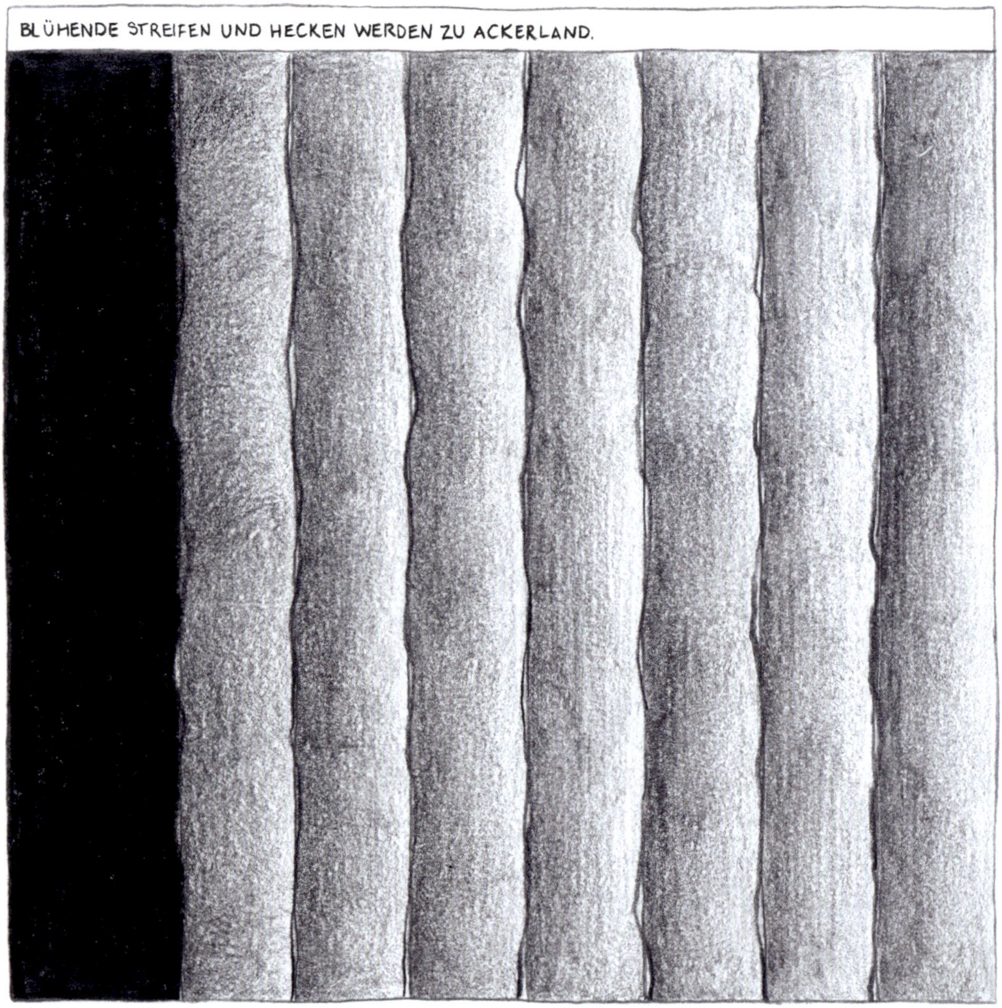
BLÜHENDE STREIFEN UND HECKEN WERDEN ZU ACKERLAND.

WEIZENMEERE OHNE BLÜHENDE SPRENKEL.

VERBLÜHTE MONOKULTUREN. WILDBIENEN MÜSSEN HUNGERN.

UND HONIGBIENEN BLEIBT
NUR ZUCKERWASSER.

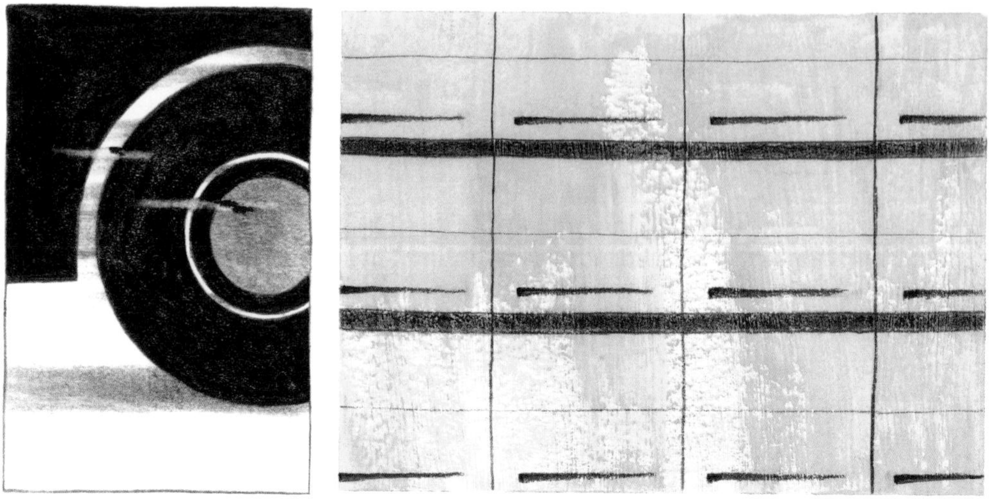

BRUMMENDE MOTOREN ÜBERTÖNEN DAS SUMMEN.

FAST ALLE
TRANSPORTFÄHIGEN VÖLKER
REISEN ÜBER DAS LAND.

PESTIZIDBELASTETER HONIG.

HÄUFIG NUR EIN ABFALLPRODUKT DER GUT BEZAHLTEN BESTÄUBUNG.

DIE WANDERNDEN VÖLKER STECKEN SICH MIT KRANKHEITEN AN.
UND VERTEILEN SIE ÜBER DAS GANZE LAND.

GEZÜCHTET AUF HONIGERTRAG UND SANFTMÜTIGKEIT
FEHLEN IHNEN NATÜRLICHE ABWEHRMECHANISMEN.
MANGELERNÄHRUNG DURCH MONOKULTUREN.

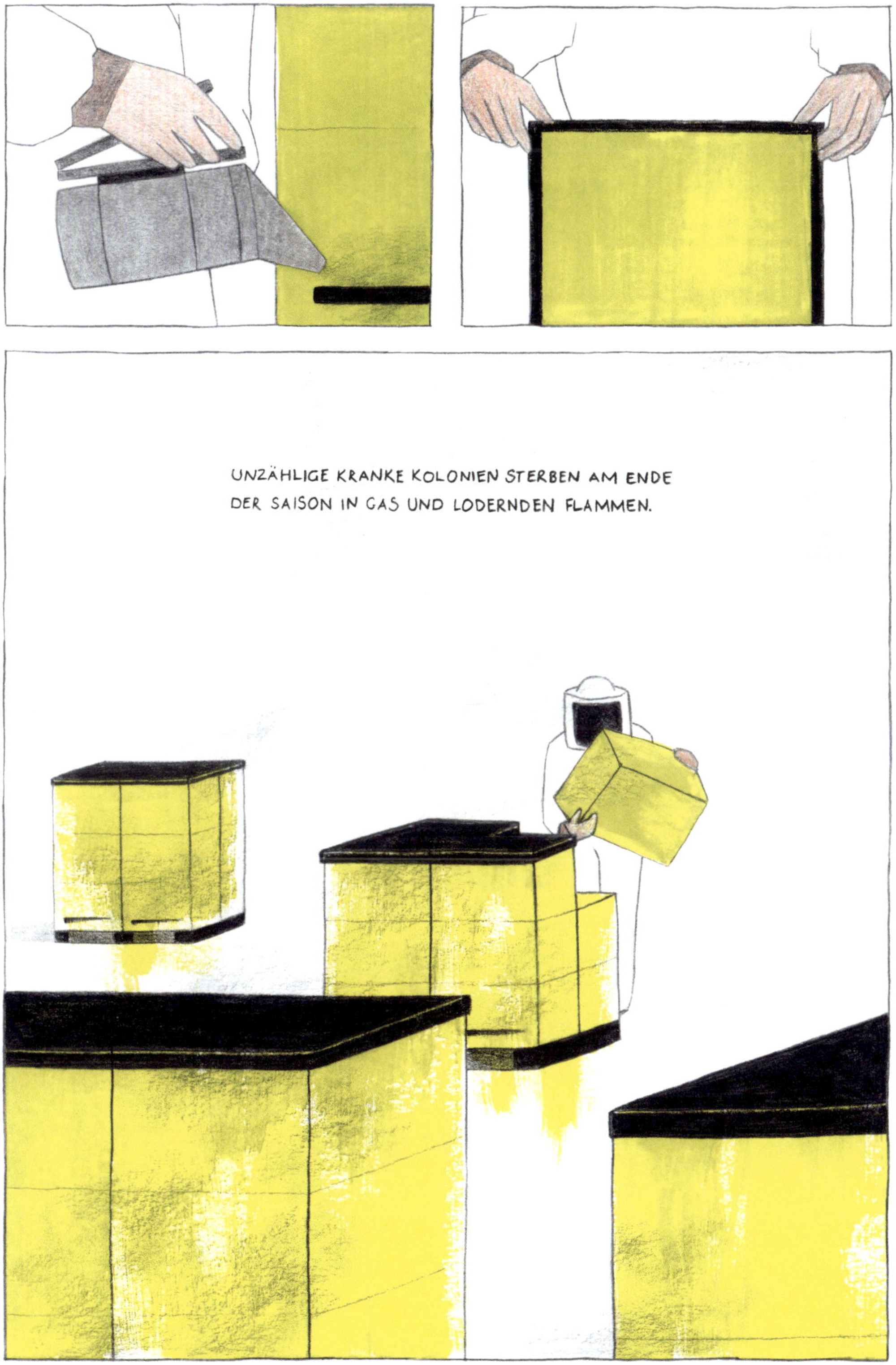
UNZÄHLIGE KRANKE KOLONIEN STERBEN AM ENDE DER SAISON IN GAS UND LODERNDEN FLAMMEN.

GIFTE AUF DEN FELDERN.

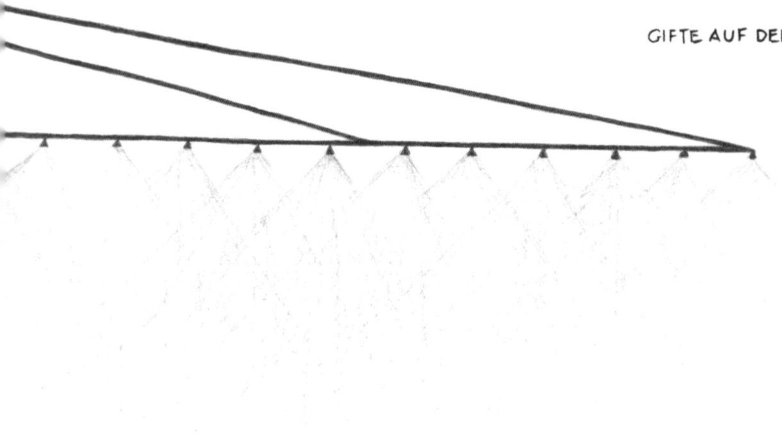

NEONICOTINOIDE GEHÖREN ZU DEN AM HÄUFIGSTEN EINGESETZTEN INSEKTIZIDEN.

DIE NERVENGIFTE MIT KOMPLIZIERTEN NAMEN WIRKEN SYSTEMISCH.

WASSERLÖSLICH.

CHEMISCH STABIL.

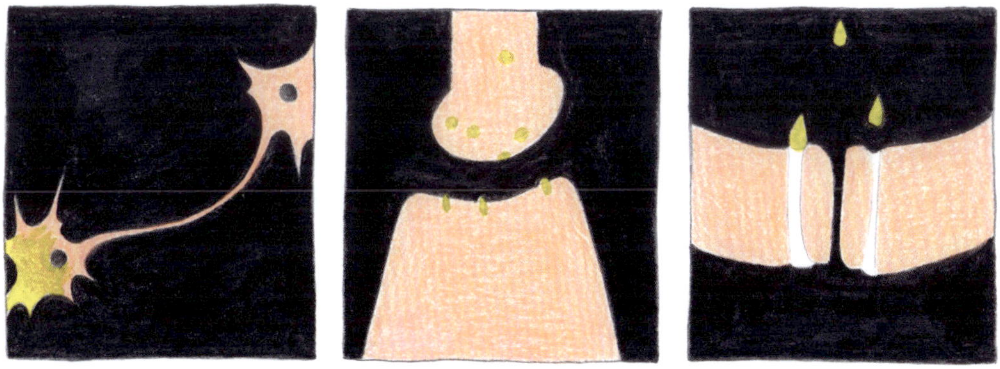

DIE GIFTE BLOCKIEREN DIE NIKOTINREZEPTOREN VON NERVENZELLEN.

UND STÖREN DIE WEITERLEITUNG VON REIZEN.

SIE WIRKEN SELEKTIV AUF INSEKTEN.

DIE BIENEN VERLIEREN IHR LANGZEITGEDÄCHTNIS.

ORIENTIERUNGSLOSE SAMMLERINNEN FINDEN NICHT MEHR NACH HAUSE ZURÜCK.

UND FALLS DOCH,
TANZEN SIE NICHT MEHR.

DIE ZULASSUNGSVERFAHREN TESTEN NUR MIT LD50 ALS MASS DER GIFTIGKEIT.
DIE DOSIS, AN DER DIE HÄLFTE DER VERSUCHSTIERE STIRBT.
DIE BIENEN FALLEN NICHT VOM HIMMEL, DER TOD KOMMT SCHLEICHEND.
EINE CHRONISCHE VERGIFTUNG DES GANZEN SUPERORGANISMUS.
UND BIENEN SIND NICHT NUR EINER SUBSTANZ AUSGESETZT, SONDERN EINEM GANZEN KONGLOMERAT.
MIT NICHT ABSEHBAREN WECHSELWIRKUNGEN.

ABER DAS STERBEN IST NICHT NUR EIN HONIGBIENENSTERBEN.
SUPERORGANISMEN KÖNNEN DEN PLÖTZLICHEN ZUSAMMENBRUCH LANGE HINAUSZÖGERN.
IM SCHATTEN DER HONIGBIENE STEHEN ANDERE BESTÄUBER.

UNERMÜDLICHE WILDBIENEN SIND FÜR EINEN GROSSTEIL DER BESTÄUBUNG VERANTWORTLICH.
VIELFALT DER FORMEN UND FARBEN.
HOCHGRADIG SPEZIALISIERT, SIND VIELE AUF EINE EINZIGE PFLANZENART ANGEWIESEN.
UNVERZICHTBARE FEINSCHMECKER.

HUMMELN TROTZEN NÄSSE, KÄLTE UND WIND.
DURCH VIBRATION IHRER FLUGMUSKELN KÖNNEN SIE AUCH FESTSITZENDEN POLLEN LÖSEN.
SIE VERIRREN SICH AUCH NICHT IN ENDLOSEN FOLIENTUNNELN.

HUMMELN ZUM EINMALIGEN GEBRAUCH IN PAPPKARTONS.

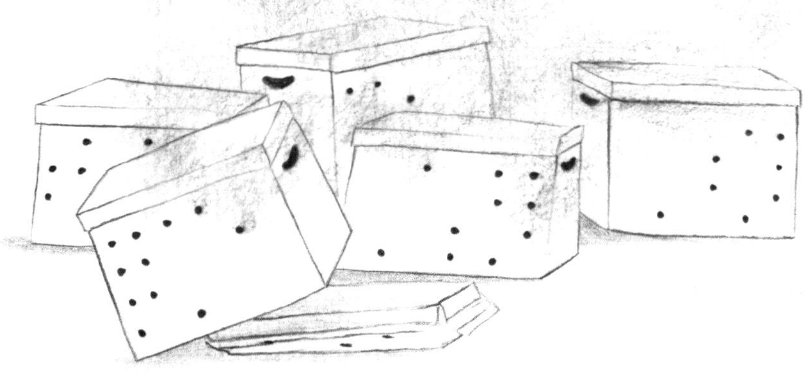

WESPEN SUCHEN AUCH IM SPÄTSOMMER NACH NEKTAR.
LARVEN WERDEN MIT EIWEISS GEFÜTTERT.
AUSGEWACHSENE TIERE BEVORZUGEN NEKTAR UND PFLANZENSÄFTE.

ALS EINZIGE WESPENART FLIEGEN HORNISSEN AUCH BEI NACHT.

MIT LANGEN RÜSSELN ERREICHEN SCHMETTERLINGE DEN NEKTAR IN TIEFEN BLÜTENKELCHEN.

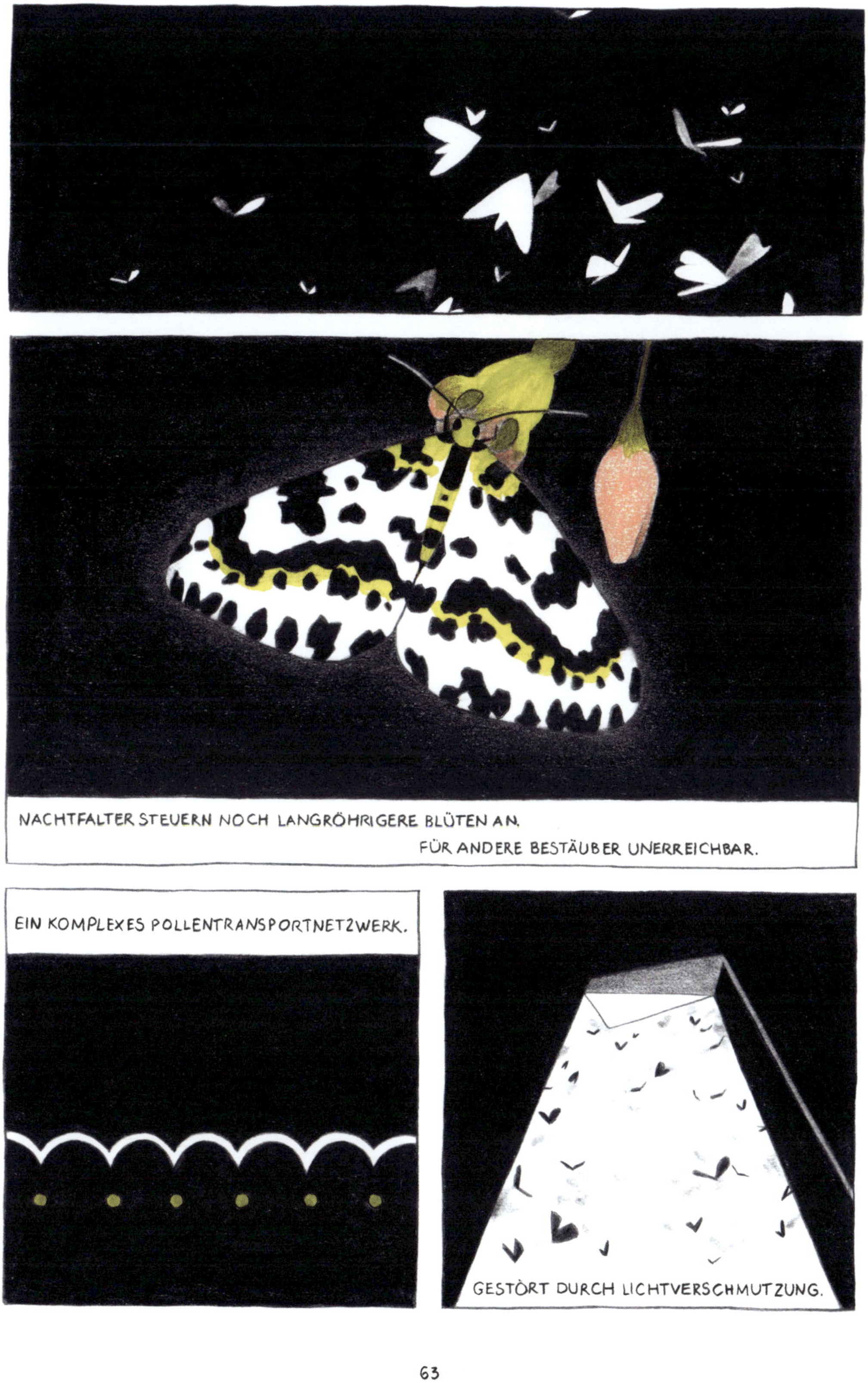
NACHTFALTER STEUERN NOCH LANGRÖHRIGERE BLÜTEN AN.
FÜR ANDERE BESTÄUBER UNERREICHBAR.
EIN KOMPLEXES POLLENTRANSPORTNETZWERK.
GESTÖRT DURCH LICHTVERSCHMUTZUNG.

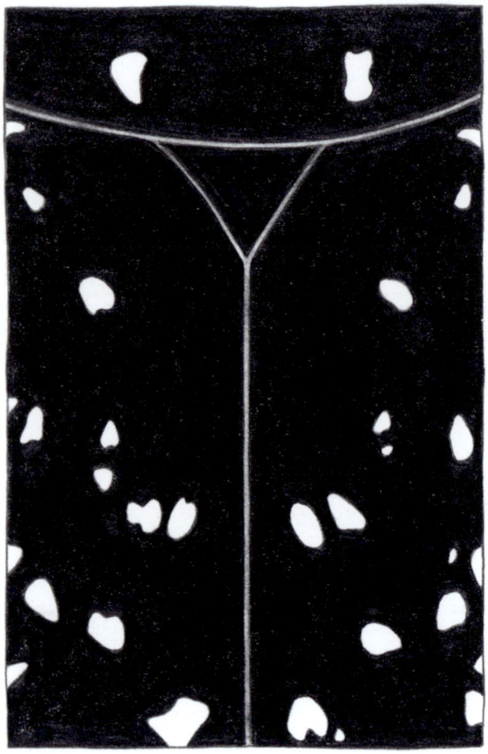

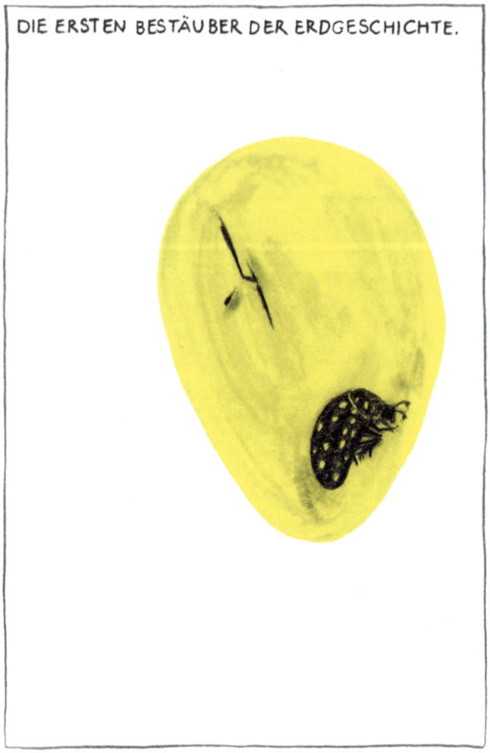
DIE ERSTEN BESTÄUBER DER ERDGESCHICHTE.

KÄFER WÜHLEN
IM GELBEN STAUB.

GLATTE KÖRPER
MIT MÄCHTIGEM
WERKZEUG.

AMEISEN KRABBELN DURCH DIE BLÜTEN.

AUF DER SUCHE NACH ZUCKER.

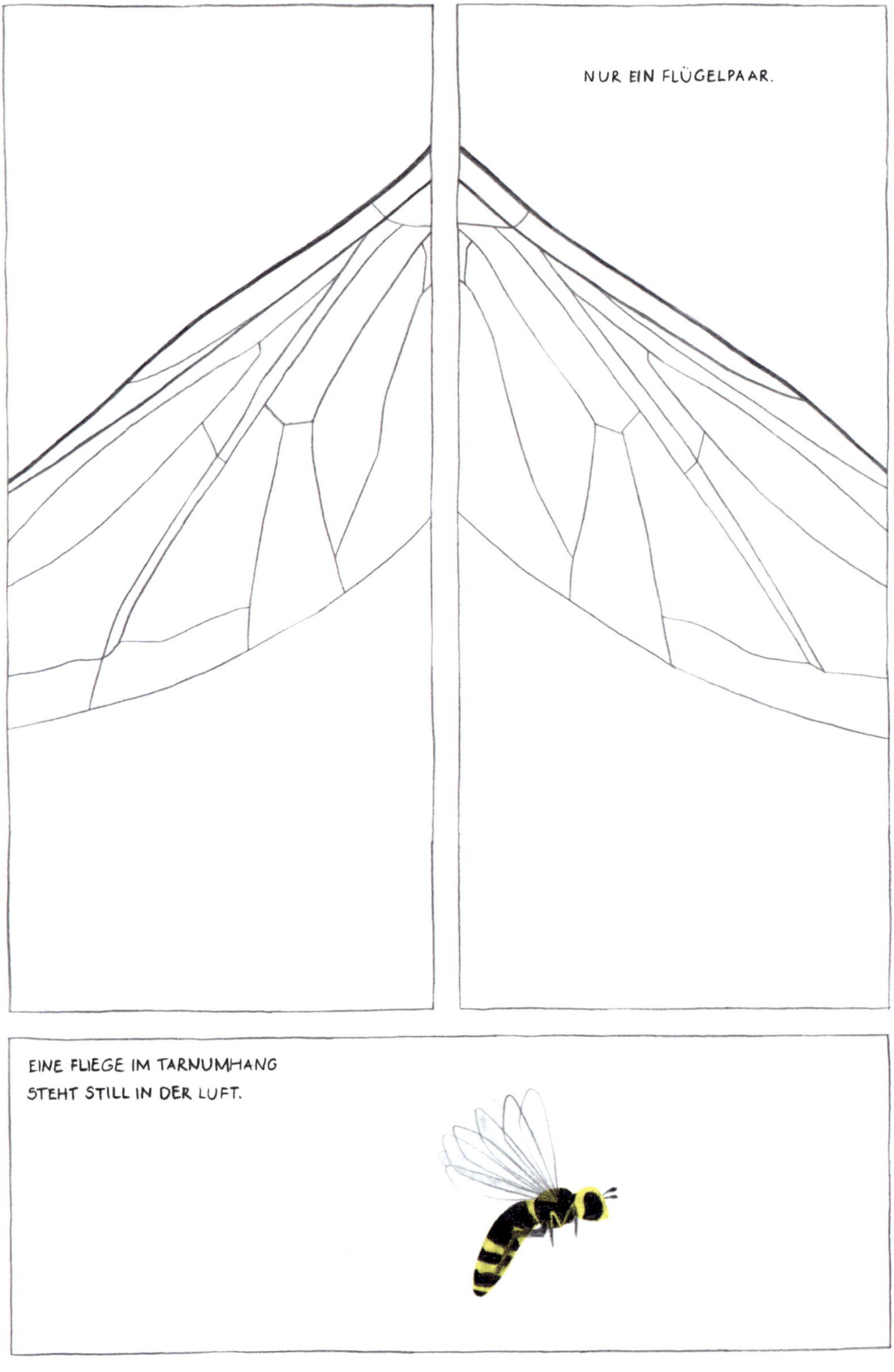
NUR EIN FLÜGELPAAR.
EINE FLIEGE IM TARNUMHANG
STEHT STILL IN DER LUFT.

SIE SCHLECKT DEN NEKTAR.
UND BESTÄUBT AUCH NOCH,
WENN ANDERE AUFGEGEBEN HABEN.

BESONDERS WILDPFLANZEN KÖNNEN NICHT VON JEDEM INSEKT BESTÄUBT WERDEN.

VIELFALT DER BESTÄUBER BEDEUTET
VIELFALT DER PFLANZEN.

LEBENSRAUM UND NAHRUNGSGRUNDLAGE.
UND BESSERE ERTRÄGE.
ÖKOSYSTEME GERATEN DURCH MENSCHLICHEN EINGRIFF AUS DEM GLEICHGEWICHT.

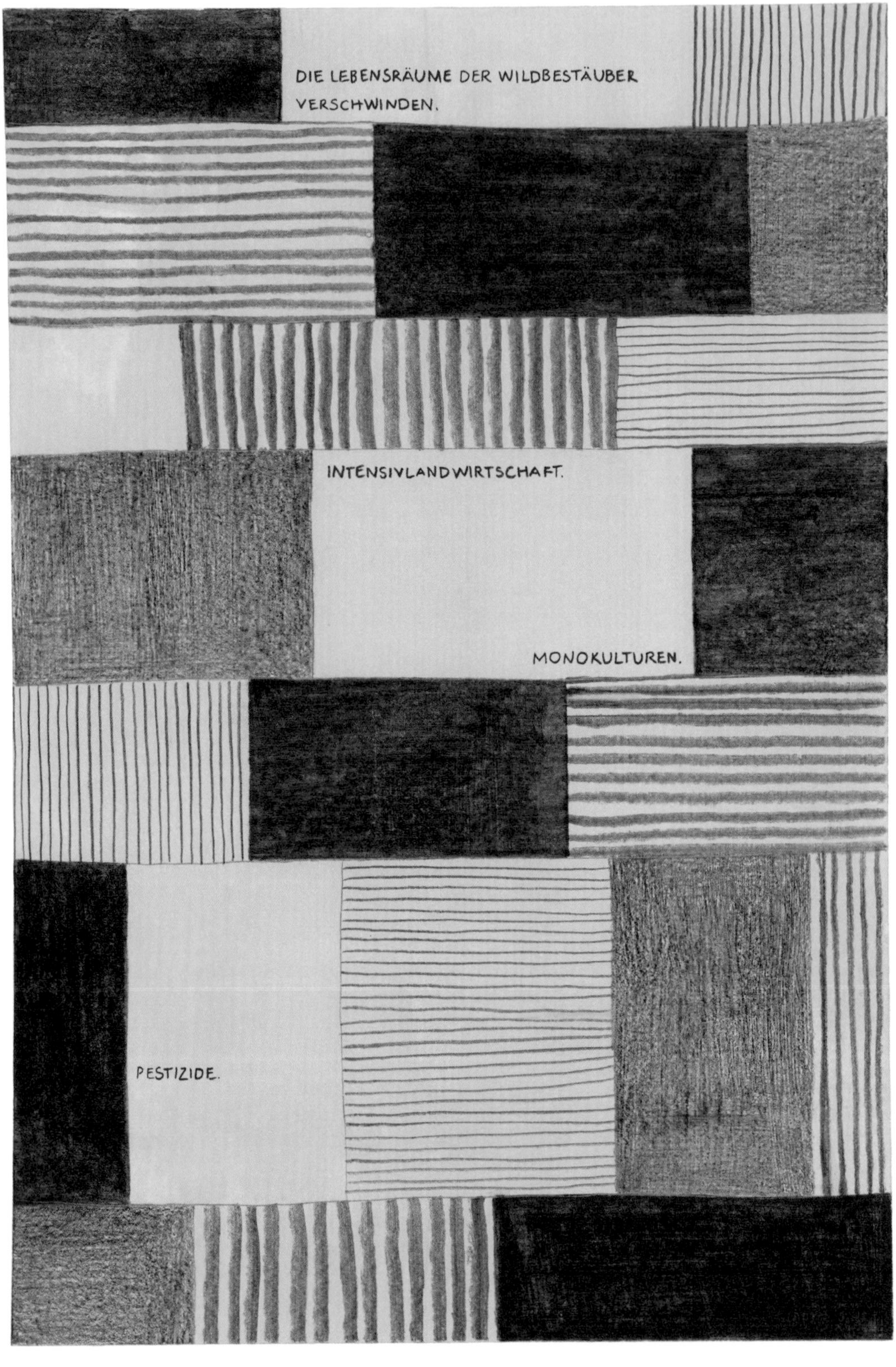
DIE LEBENSRÄUME DER WILDBESTÄUBER VERSCHWINDEN.
INTENSIVLANDWIRTSCHAFT.
MONOKULTUREN.
PESTIZIDE.

MENSCHEN VERWANDELN IHRE GÄRTEN IN STEINWÜSTEN ODER GRÜNE LEEREN AUS RASEN.

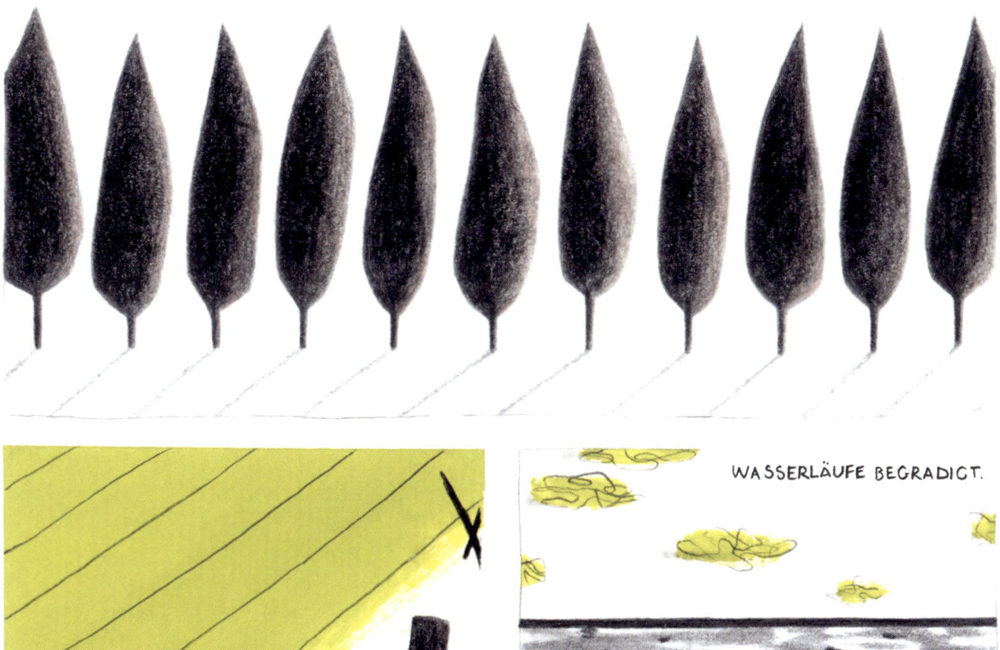

BÄUME WERDEN GEFÄLLT.

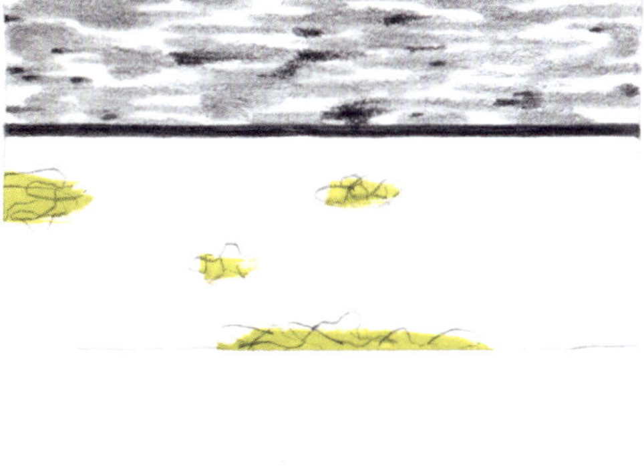
WASSERLÄUFE BEGRADIGT.

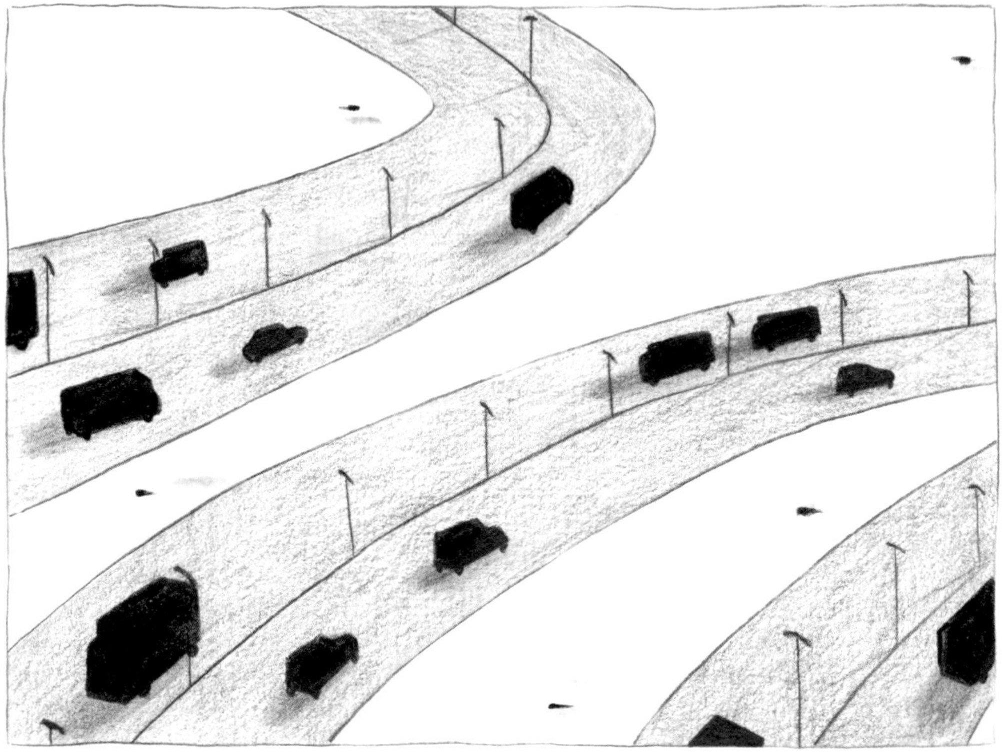

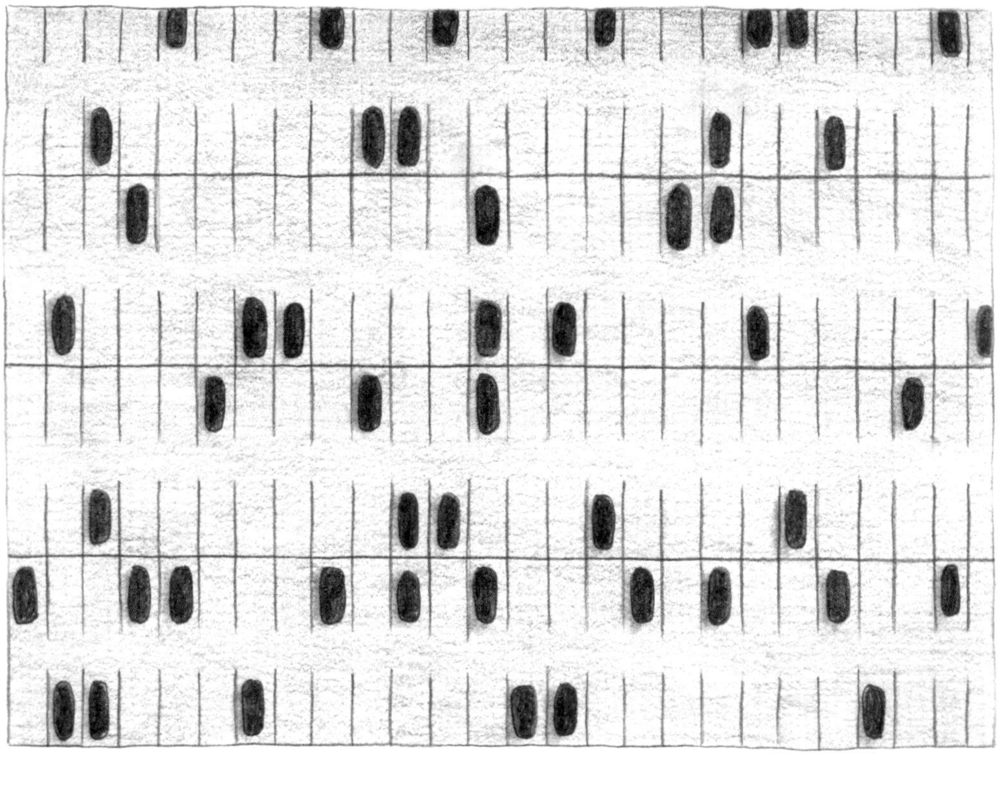

EINE SCHICHT AUS TEER UND BETON ÜBERZIEHT DIE LANDSCHAFT.

HONIGBIENEN ALS BIOINDIKATOREN FÜR DEN ZUSTAND VON ÖKOSYSTEMEN.

STELLVERTRETEND FÜR ALLE ANDEREN BESTÄUBER.

IN DER CHINESISCHEN PROVINZ SICHUAN IST ES STILL.

KEINE BIENEN SUMMEN.

DURCH PESTIZIDE WURDEN FAST ALLE INSEKTEN GETÖTET.

NUN SITZEN MENSCHEN WIE ERSTARRTE VÖGEL IN DEN BÄUMEN.

EIN FLÄSCHCHEN MIT POLLENSTAUB UM DEN HALS,
EINEN FEDERPINSEL IN DER HAND.

SIE BETUPFEN DIE BLÜTEN MIT UNSICHTBAREM STAUB.

VIELE OBSTSORTEN SIND AUF KREUZBESTÄUBUNG MIT ANDEREN ARTEN ANGEWIESEN.

WERDEN NUR WENIGE SORTEN GEPFLANZT,
HILFT AUCH DIE BESTÄUBUNG DURCH INSEKTEN NICHT.

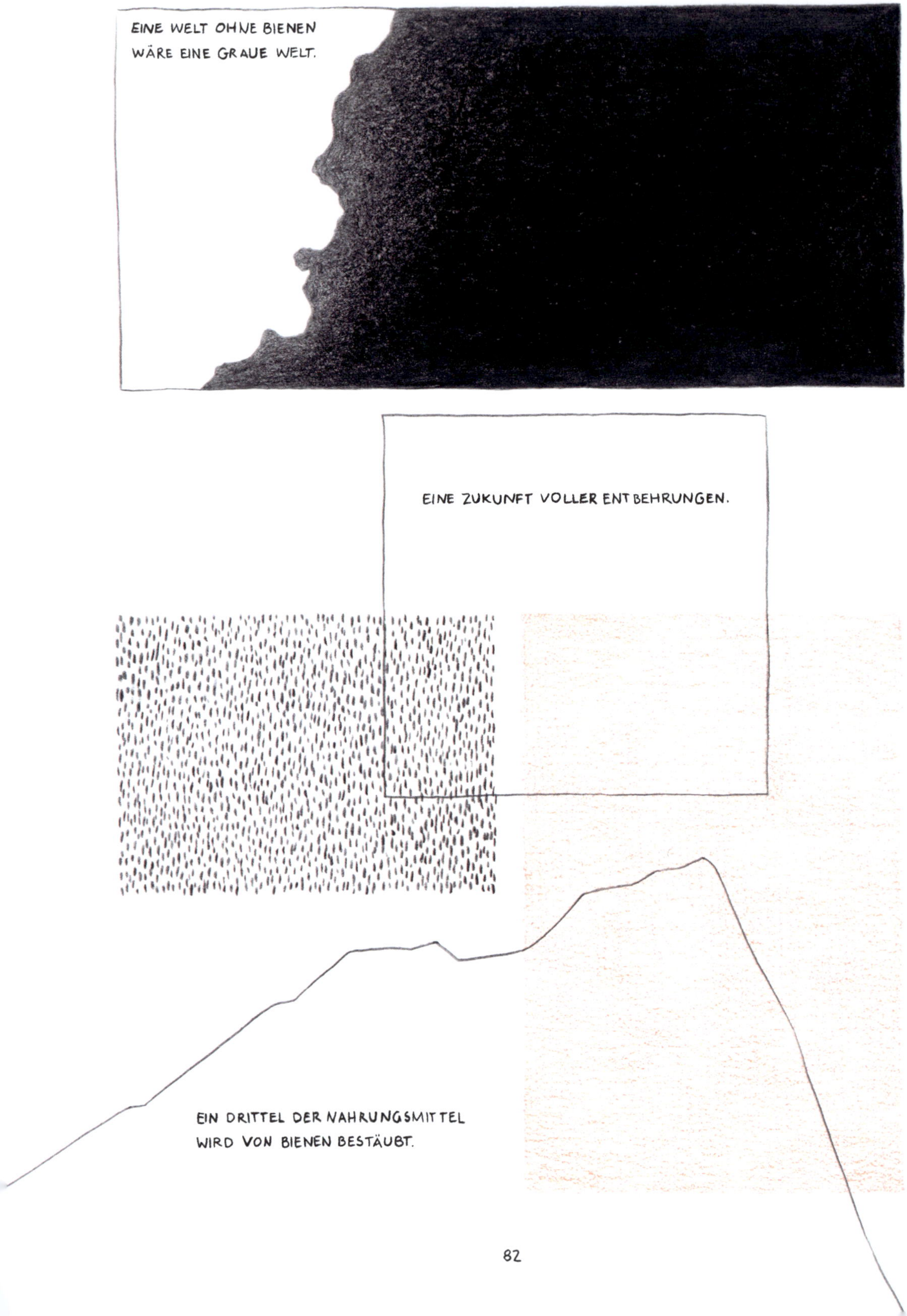
EINE WELT OHNE BIENEN
WÄRE EINE GRAUE WELT.
EINE ZUKUNFT VOLLER ENTBEHRUNGEN.
EIN DRITTEL DER NAHRUNGSMITTEL
WIRD VON BIENEN BESTÄUBT.

ABER DREI VIERTEL ALLER KULTURPFLANZEN PROFITIEREN VON BESTÄUBUNG.

EIN KOMPLETTAUSFALL DER BESTÄUBER WÜRDE DEN SÜDEN BESONDERS HART TREFFEN.

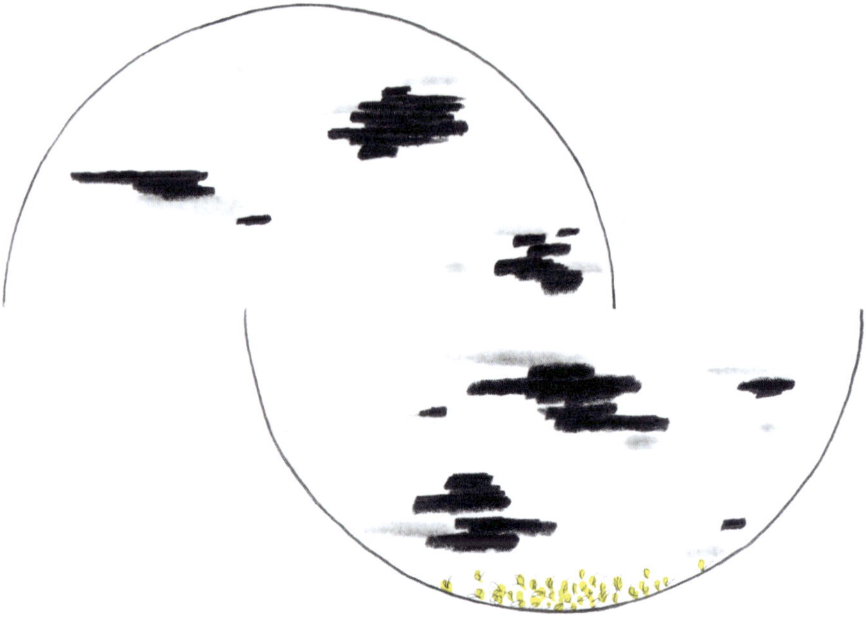

ZWEI DRITTEL DER WELTWEITEN AGRARPRODUKTION STAMMEN AUS SCHWELLEN- UND ENTWICKLUNGSLÄNDERN.

HÖHERE ABHÄNGIGKEIT DER NUTZPFLANZEN VON INSEKTENBESTÄUBUNG.
GERINGE ERTRÄGE KÖNNTEN DURCH GRÖSSERE FLÄCHEN AUSGEGLICHEN WERDEN.
ABER GRÖSSERE FLÄCHEN BEDEUTEN MEHR ENTWALDUNG.

MEHR ARTENSTERBEN.
MEHR NATURZERSTÖRUNG.

MEHR KONFLIKTE UM LANDNUTZUNG.

UND WENIGER WASSER.

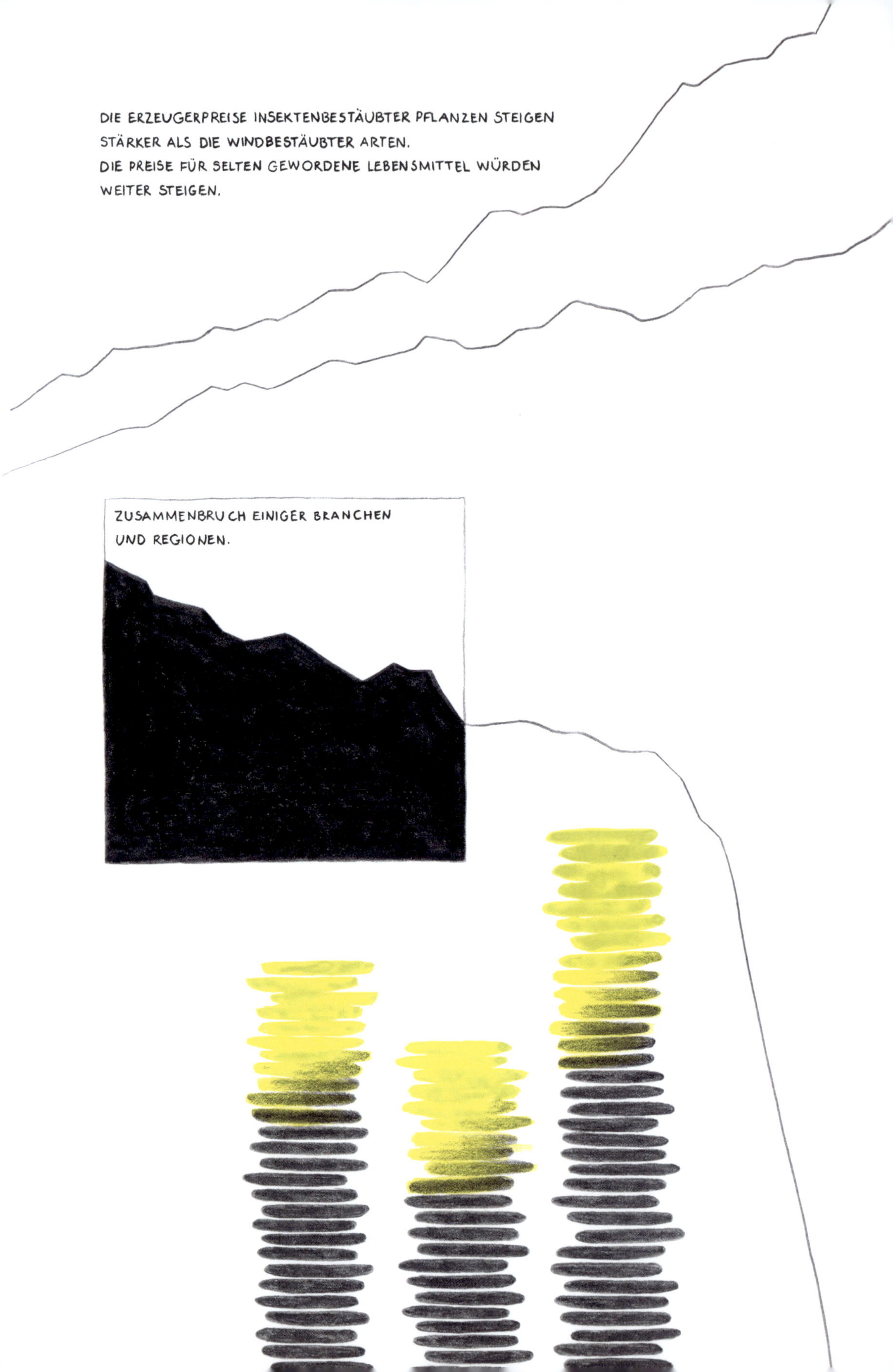
DIE ERZEUGERPREISE INSEKTENBESTÄUBTER PFLANZEN STEIGEN STÄRKER ALS DIE WINDBESTÄUBTER ARTEN.
DIE PREISE FÜR SELTEN GEWORDENE LEBENSMITTEL WÜRDEN WEITER STEIGEN.
ZUSAMMENBRUCH EINIGER BRANCHEN UND REGIONEN.

ABER DER GRÖSSTE TEIL DER VITAMINE, MINERALSTOFFE UND ÖLE IST IN PFLANZEN ENTHALTEN, DIE AUF INSEKTENBESTÄUBUNG ANGEWIESEN SIND.

DIE PROBLEME DER BESTÄUBER SIND MENSCHENGEMACHT.

NICHT FÜR ALLE PROBLEME GIBT ES EINE LÖSUNG.

MANCHES LÄSST SICH NICHT RÜCKGÄNGIG MACHEN.

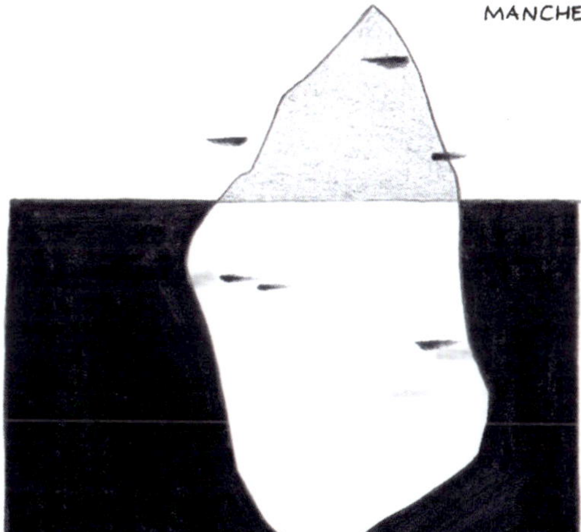

DOCH DIE ZUKUNFT IST NOCH OFFEN.

ES REICHT NICHT, EIN PAAR PESTIZIDE ZU VERBANNEN.

DER KREISLAUF DER PESTIZIDE MUSS UNTERBROCHEN WERDEN.

ES BRAUCHT EINE ANDERE,
ÖKOLOGISCHE ART DER LANDWIRTSCHAFT.

EINE ANDERE WELT IST NÖTIG.

EINE WELT MIT ACHTUNG VOR DEN
ZERBRECHLICHEN TEILEN DER NATUR.

ÜBER DEN DÄCHERN MANCHER STÄDTE WOHNEN BIENEN.

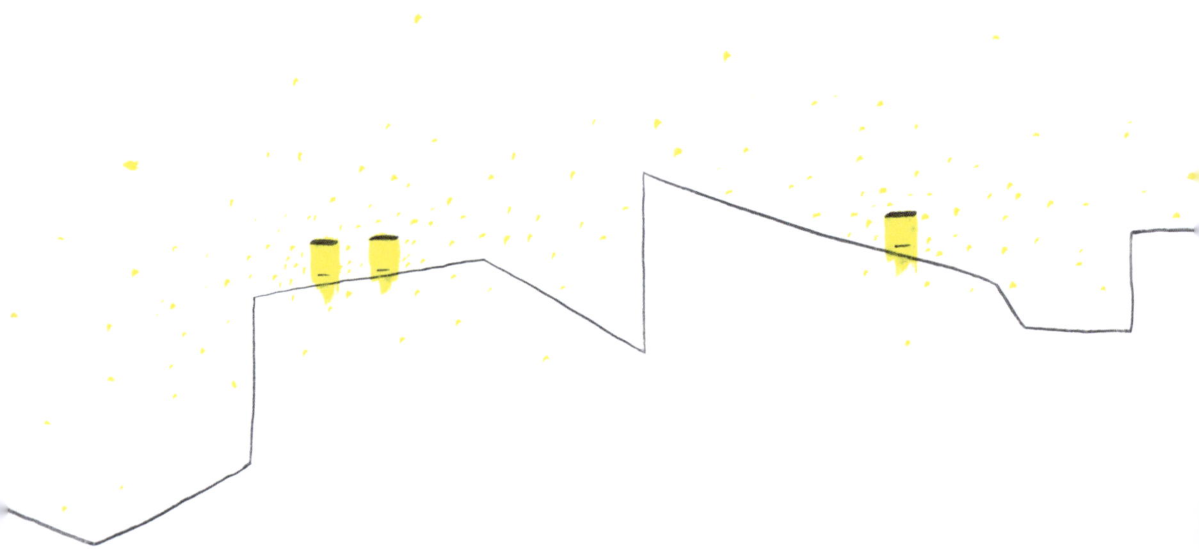

SIE FLIEGEN VON BLÜTE ZU BLÜTE.

UND DANN ÜBER DIE SECHSSPURIGE STRASSE.

UND WENN VIELE MENSCHEN EIN PAAR BLUMEN PFLANZEN,
WERDEN VIELE KLEINE BLÜTEN ZU EINER WIESE.

INSEKTENDÄMMERUNG IST REAL

»Ein globales Insektensterben könnte für die Zukunft der Menschheit schädlicher sein als der Klimawandel.« Diese Vermutung stellte der britische Universitätsdozent, Umweltschützer und Kolumnist George Monbiot im Oktober 2017 in der englischen Tageszeitung *The Guardian* auf. Vor einem »Insekt-Ageddon«, also einer endzeitlichen Katastrophe, ist gar die Rede. Steckt hinter dieser plakativen Warnung nur Sensationsmache oder gibt es das große Insektensterben wirklich?

Die Frage, ob es ein gravierendes Insektensterben gibt, lässt sich leider klar beantworten: Die Anzahl an Insektenarten ist in rasantem Sinkflug begriffen. Auch die Insektenbiomasse nimmt drastisch ab.

Statistiktabellen und Schaubilder, an denen der Rückgang der Insekten ablesbar ist, bieten die quantitative Datenbasis, an der sich Analysen und weiterführende Überlegungen orientieren. Am eindrücklichsten ist aber sicherlich, sich selbst ein Bild von der Situation draußen im Freiland zu machen. Auch ohne jede Artenkenntnis achtet man bei einem Spaziergang auf auffallende Insekten wie Schmetterlinge. Oder auf Käfer, die man über den Weg laufen sieht. Es wird offenbar, dass man Blüten und Feldwege intensiv absuchen muss, um dort überhaupt noch ein Insekt zu entdecken.

Besonders beunruhigend ist, dass das Insektensterben auch vor Naturschutzgebieten nicht haltmacht. Die meisten dieser Regionen sind als Inseln in einer insektenfeindlichen Umgebung nicht groß genug, um eine kerngesunde Umwelt zu schaffen.

Sie brauchen uns nicht, wir brauchen sie.

Insekten haben auf unserer Erde im Verlauf von Jahrmillionen eine — unseren Augen zumeist verborgene — Parallelwelt entfaltet. Etwa drei Viertel aller heute bekannten Tierarten sind Insekten. Man schätzt die Anzahl der Arten auf weltweit bis zu 30 Millionen. Ihre Kopfzahl ist atemberaubend. Nach den Berechnungen des kanadischen Insektenkundlers Brian Hocking leben etwa eine Trillion, eine »Eins« mit 18 »Nullen«, dieser sechsbeinigen Tiere auf der Erde. Vermutlich kommen auf jeden Menschen etwa 200 Millionen Ameisen — und diese repräsentieren nur einen Bruchteil der gesamten Insektenbiomasse. Das Gesamtgewicht aller Insekten schätzt man auf 2,7 Milliarden Tonnen, fünfmal so viel, wie alle heute lebenden Menschen auf die Waage bringen.

Viele Zeitgenossen sehen Insekten vor allem als lästige Unruhestifter und Schädlinge, für sie mag ihr Verschwinden ein Grund zur Freude sein. Tatsächlich ist es aber eine Katastrophe: Denn sie brauchen uns nicht, wir brauchen sie.

Insekten gestalten und erhalten die Welt, die auch wir zum Leben brauchen. Sie nehmen zentrale Aufgaben im Netzwerk der Natur wahr, indem sie Pflanzen bestäuben. Im Laufe von etwa 400 Millionen Jahren Coevolution ist eine unauflösbare Partnerschaft zwischen den Bestäuberinsekten und den etwa 300.000 Arten an Blütenpflanzen entstanden, die wir heute auf unserer Erde finden. Diese Pflanzen bilden die Nahrungsgrundlage für unübersehbar viele Tierarten und eben auch für uns Menschen. Hinzu kommt, dass Insekten selbst auf dem Speisezettel vieler Tiere stehen. Ohne Insekten sind Singvögel nicht in der Lage, ihre Jungen aufzuziehen. Und ohne Singvögel fehlen wichtige Helfer, die selbst wieder Schadinsekten vertilgen.

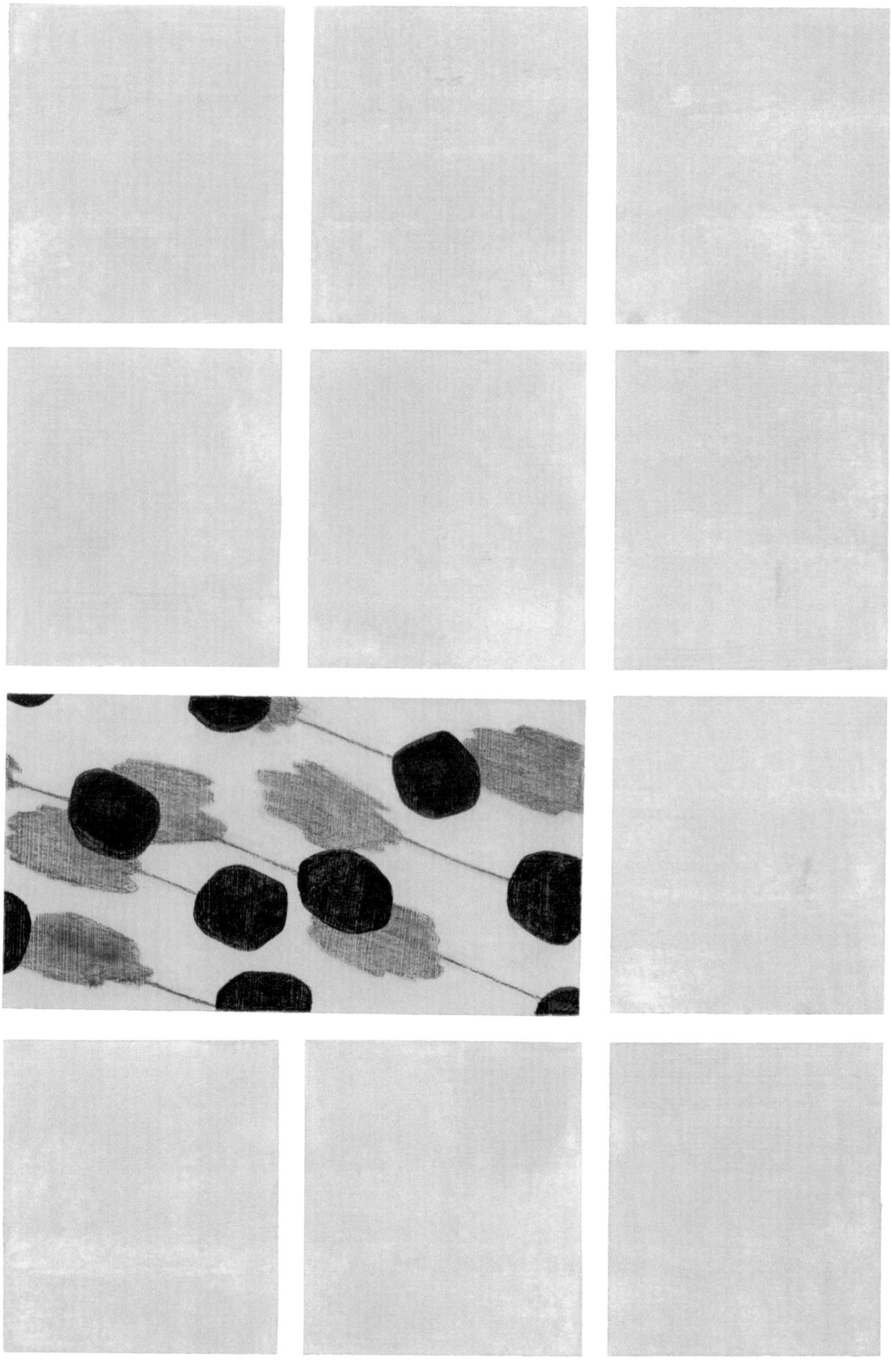

Wenn die Insekten sterben, dann steht das gesamte Netzwerk, in dem Tiere und Pflanzen eng verwoben sind, auf dem Spiel. Die Welt wird zur Ödnis und auch wir Menschen büßen unsere Lebensqualität ein. Vor allem aber werden wir nicht mehr in der Lage sein, von ihren faszinierenden Fähigkeiten und Eigenschaften zu lernen. Das betrifft auch ein riesiges Arsenal an biochemischen Verbindungen, die uns unschätzbare Dienste leisten können, etwa im Kampf gegen immer schwerer zu beherrschende pathogene Bakterienstämme. Diesen Schatz haben wir noch nicht annähernd gehoben.

Was aber ist zu tun, um die Schreckensvision von einem »Insekt-Ageddon« abzuwenden? Vorrangiges Ziel sollte ein Umbau unserer Nahrungsmittelproduktion und die Förderung einer nachhaltigen Landwirtschaft sein. Pestizide sollten – wenn überhaupt noch erforderlich – mit biologischen Methoden der Schädlingsbekämpfung intelligent kombiniert werden. Auf die Landwirte zu schimpfen reicht nicht. Wir Verbraucherinnen und Verbraucher sollten uns auch an die eigene Nase fassen und unsere Ernährungs- und Konsumgewohnheiten überdenken. Etwas mehr Geld für Lebensmittel auszugeben würde es Landwirten ermöglichen, selbst mit geringeren Erträgen auskömmlich zu wirtschaften und naturverträglichere Methoden einzusetzen. Dann darf ein Apfel eben auch mal eine Insektenlarve beherbergen! Und es muss nicht jeden Tag Fleisch auf dem Teller liegen. Wird weniger Tierfutter benötigt, wird man auch wieder Wiesenblumen blühen lassen können, anstelle mehrmals im Jahr zu mähen. Die Politik wird ihre Förderpolitik überdenken und ändern müssen.

Prof. Dr. Jürgen Tautz

HANNA HARMS

Hanna Harms, geboren 1994, ist Illustratorin und Comicautorin. Sie absolvierte die Münster School of Design mit einem Semester an der Bezalel Academy of Arts and Design Jerusalem. Derzeit studiert sie Illustration im Master an der HAW Hamburg. Sie ist Mitherausgeberin und Autorin des Comiczines »Sonder«. Ihr Debüt »Milch ohne Honig« wurde 2020 mit dem Ginco Award in der Kategorie »Best Non Fiction Comic« ausgezeichnet.

PROF. DR. JÜRGEN TAUTZ

Prof. Dr. Jürgen Tautz ist Insektenforscher, Bienenexperte, Verhaltensforscher und Professor i. R. am Biozentrum der Universität Würzburg. Er ist Bestsellerautor, dessen Bücher in bis zu 20 Sprachen übersetzt wurden, Berater für abendfüllende Filmprojekte und national sowie international mehrfach ausgezeichnet für die gelungene Vermittlung von Wissenschaft an eine breite Öffentlichkeit.

WEITERFÜHRENDE INFORMATIONEN

BEE-CAREFUL.COM
INITIATIVE ZUM SCHUTZ DER BIENEN UND FRUCHTVIELFALT

BIENENKUNDEMUSEUM.DE
BIENENKUNDEMUSEUM MÜNSTERTAL

BIENENRETTER.DE
BILDUNGS- UND ÖKOLOGIEPROJEKT FÜR NACHHALTIGE STADTENTWICKLUNG

RALPH DUTLI: DAS LIED VOM HONIG
BUCH ÜBER DIE KULTURGESCHICHTE DER BIENE

HOBOS.DE
HONEYBEE ONLINE STUDIES, FORSCHUNGS- UND BILDUNGSPROJEKT

MAURICE MAETERLINCK: DAS LEBEN DER BIENEN
BUCH ÜBER DEN BIENENSTAAT

MELLIFERA.DE
VEREIN FÜR ÖKOLOGISCHE BIENENHALTUNG

MORE THAN HONEY
DOKUMENTARFILM ÜBER DAS BIENENSTERBEN

NABU.DE/BIENEN
BIENENSCHUTZ UND BIENENFREUNDLICHE PFLANZEN

JÜRGEN TAUTZ: DIE SPRACHE DER BIENEN
BUCH ÜBER DIE ERFORSCHUNG DER BIENENSPRACHE

WILDBIENEN.INFO
INFORMATIONEN ÜBER WILDBIENEN UND NISTHILFEN

MEIN GANZ BESONDERER DANK GILT ALICA, JOSHI, LISA, NATALIE, SVEA, WOLFI UND MEINER FAMILIE.

DANKE MEINEN PROFESSOREN FELIX SCHEINBERGER UND HENNING TIETZ FÜR DIE BETREUUNG MEINER ABSCHLUSSARBEIT.

UND DANKE BETTINA, JASMIN, SABINE UND ALLEN VON CARLSEN FÜR EUER VERTRAUEN.